C语言程序设计与实践

主　编　明平象　全丽莉　李芙蓉

重庆大学出版社

内容提要

C语言是目前较好的学习程序设计的入门语言。C语言程序设计课程是程序设计的重要基础课,是培养学生程序设计能力的重要课程之一。

本书共9个单元,通过引导案例、知识讲解、技能实训,全方位进行知识讲解和实训指导,引领读者学习、了解和掌握程序设计的基础知识、顺序结构程序设计、选择结构程序设计、循环结构程序设计、数组、函数、指针、用户自定义数据类型和文件的操作等章节内容。

本书适合作为高等职业院校各专业"C语言程序设计"课程的教材,也可作为计算机相关专业的程序设计入门教材以及计算机技术的培训教材,还可作为全国计算机等级考试的参考书和编程爱好者自学C语言的教材。

图书在版编目(CIP)数据

C语言程序设计与实践 / 明平象,全丽莉,李芙蓉主编 . --重庆:重庆大学出版社,2022.9
高职高专计算机系列教材
ISBN 978-7-5689-3301-8

Ⅰ.①C… Ⅱ.①明… ②全… ③节… Ⅲ.①C语言——程序设计—高等职业教育—教材 Ⅳ.TP312.8

中国版本图书馆 CIP 数据核字(2022)第 12365 号

C语言程序设计与实践
主编 明平象 全丽莉 李芙蓉
策划编辑:荀荟羽
责任编辑:付 勇 版式设计:荀荟羽
责任校对:关德强 责任印制:张 策
*
重庆大学出版社出版发行
出版人:饶帮华
社址:重庆市沙坪坝区大学城西路 21 号
邮编:401331
电话:(023)88617190 88617185(中小学)
传真:(023)88617186 88617166
网址:http://www.cqup.com.cn
邮箱:fxk@cqup.com.cn(营销中心)
全国新华书店经销
重庆市国丰印务有限责任公司印刷

开本:787mm×1092mm 1/16 印张:15.25 字数:355 千
2022 年 9 月第 1 版 2022 年 9 月第 1 次印刷
印数:1—3 000
ISBN 978-7-5689-3301-8 定价:49.00 元

前　言

  C语言是一种面向过程的结构化程序设计语言,具有简洁、紧凑、灵活、实用、高效、可移植性好等优点,深受广大读者用户欢迎。C语言程序设计简单易学,是编程人员及广大程序爱好者学习编程的入门语言之一,是高校各专业中开设最多的程序设计课程。通过C语言程序的学习,读者可以运用相关知识和技能更好地进行算法和程序的设计,也为后续课程的学习打下良好基础。

  本书是在基于多年的丰富教学经验及素材积累基础上编写的,具有以下特点:

  1. 本书采用活页式装订,用法灵活多样。将所有的"引导案例、知识讲解"部分组合在一起,即为C语言程序设计的理论体系;将所有的"技能实训"部分组合在一起,即为C语言程序设计的实训指导教材。读者可根据自己的需求,选择性地学习和使用。

  2. "够用必需"原则和"提高学生学习兴趣"原则。在每个单元设计中,避免了一开始就是烦琐的语法结构,而是通过解决任务,让学生从解决问题入手,激发其兴趣,并尽快掌握相关内容,再按需求逐步加深难度,提高解决问题的能力。

  3. "项目导向"原则。全书由一个个小任务组成,通过完成一个个小任务,学生在不知不觉中掌握C语言的知识,培养分析、解决问题的能力,并形成良好的编程习惯。

  4. "知识碎片化"原则和"知识点明确导向"原则。在本书的编写过程中,编者尽量将知识碎片化,使每一个知识点都有对应的案例,并有相应的解释,让学生就自己在学习中存在疑问或没有弄懂的知识点,能较快地从书本中找到相关内容进行学习。

  5. "由浅入深"原则。本书从简单的案例入手,再逐步提高,尽量满足不同学习需求的学生。

  本书共分为9个单元,单元1介绍程序设计的基础知识、C语言程序结构及特点、数据类型及基本语法知识;单元2介绍输入输出函数调用及顺序结构程序设计单元3介绍关系运算符和表达式、用if语句和switch语句实现选择结构程序设计;单元4介绍用while语句、do-while

语句和 for 语句实现循环语句;单元5介绍数组的定义和初始化、一维数组、二维数组及字符数组;单元6介绍函数的定义及调用;单元7介绍指针定义及指针变量使用;单元8介绍结构体、共用体、枚举类型及类型声明符 typedef 的使用;单元9介绍文件的打开与关闭、文件的顺序读写等。

本书由明平象、全丽莉、李芙蓉担任主编,张吉力、魏芬、潘勇等老师参编。

由于编者水平有限,书中难免存在疏漏之处,恳请读者批评指正。

编 者

2022年3月

目 录

单元1　程序设计基础

知识目标

① 初步熟悉C语言程序开发过程和使用Visual C++ 2010开发程序的步骤。

② 掌握标识符的命名规则。

③ 熟练掌握各种运算符的使用。

能力目标

① 具有模仿编写简单程序的能力。

② 具有初步调试C语言程序的能力。

素质目标

① 培养学生规范代码编写的职业素养。

② 通过对程序的反复调试,培养严谨的职业素养。

③ 培养学生积极向上的价值观。

学习计划表

项目		C语言程序开发过程	数据描述	数据操作
课前预习	预习时间			
	预习结果	1. 难易程度 ○偏易(即读即懂)　　○适中(需要思考) ○偏难(需查资料)　　○难(不明白) 2. 疑点问题		
课后复习	复习时间			
	复习结果	1.掌握程度 ○了解　○熟悉　○掌握　○精通 2.重点、难点归纳		

引导案例

从尾到头

案例描述

从键盘输入一个三位数的整数,将其个位、十位、百位倒序生成一个数字输出。例如,如果输入"358",则输出"853"。

案例分析

一个三位数,要将其个位、十位、百位倒序形成一个新的三位数,就要先求出这个数的个位、十位、百位上的数字,然后将其数字倒序组合。

案例实现

引导案例

1.1 C语言程序开发过程

【**任务1**】 利用C语言程序输出"青年不负韶华,青春方能无悔!"。

【**代码**】

```
#include <stdio.h>                          //文件预处理
void main()                                 //函数名
{                                           //函数体开始
    printf("青年不负韶华,青春方能无悔! \n");    //输出对应内容
}                                           //函数体结束
```

【**知识点**】

(1) C语言的程序结构

计算机语言(Computer Language)是人与计算机之间沟通的语言,主要由一些指令组成,这些指令包括数字、符号和语法等内容,程序员可以通过这些指令来指挥计算机进行各种工作。计算机的语言种类很多,总的来说分成机器语言、汇编语言、高级语言三大类。

C语言是面向过程的结构化程序设计高级语言。

C程序由一个或多个文件组成,而一个文件可由一个或多个函数组成,但有且只能有

一个main函数。程序总是从main函数开始执行,最后回到main函数。

任务1就是一个完整的C语言程序,接下来针对该程序的语法进行详细的讲解,具体如下:

第1行代码的作用是进行相关的预处理操作。其中字符"#"是预处理标志,用来对文本进行预处理操作,"include"是预处理指令,它后面跟着一对尖括号,表示头文件在尖括号内读入。"stdio.h"是标准输入输出头文件,由于在第4行代码用到了输出函数printf()来输出所需的内容,所以需加此头文件。

第2行代码声明了函数的名称和函数的类型,main表示此函数的"主函数",也是该函数程序的入口,每一个C程序必须有且仅有一个main()函数,程序总是从这里开始执行。main前面的"void"表示该主函数无返回值。第3—5行代码"{}"中的内容是函数体,程序的相关操作都要写在函数体中。

第4行代码调用了一个用于格式化的输出函数printf(),该函数用于输出一行信息,可以简单理解为向控制台输出文字或符号等。printf()函数括号中的内容称为函数的参数,括号内可以看到输出的字符串"青年不负韶华,青春方能无悔! \n",其中"\n"表示换行操作。

从任务1可以看出:C语言是由语句构成的,每条语句最后都必须用";"(英文分号)结束。但main()、#include不是语句,所以后面不用";",没有内容只有";"的语句是空语句。语句由关键字、标识符、运算符和表达式构成。其中"{"和"}"分别表示函数执行的起点与终点或语句块的起点和终点。

"//"为单行注释符,"/*"和"*/"为多行注释符,对语句起注释作用,不对程序的编译和执行产生影响。

C程序中书写格式自由,一行内可以写多条语句,但为了清晰,一般写一条语句,并且区别大小写字母。用C语言写成的主函数结构如图1-1所示。

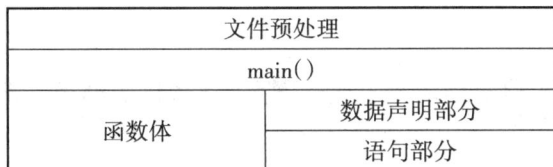

文件预处理	
main( )	
函数体	数据声明部分
	语句部分

图1-1　C语言主函数结构图

（2）程序开发过程

用C语言编写的程序不能被计算机直接识别、理解和执行,必须通过编译程序把源程序转换为计算机能直接识别、理解和执行的二进制目标代码。由编写C语言源程序到运行程序需要经过以下4个步骤。

① 编辑源文件(.c作为扩展名):先编写C语言源程序存储在磁盘文件中,这一过程称为编辑。可以使用Visual C++编译系统,也可使用其他的编辑软件。

② 编译源文件,形成目标程序文件(.obj作为扩展名):编译就是将已编辑好的源程序翻译成二进制的目标代码。编译的过程就是对源程序进行语法检查,若有错误,指出错误所在。此时,应重新进入编辑环境进行修改,完成后重新编译。若无错,则产生扩展名

为.obj的目标文件。

③连接目标程序,形成可执行文件(.exe作为扩展名):经编译后得到的二进制代码还不能直接执行,需要把编译好的各个模块的目标代码与系统提供的标准模块(C语言标准函数库)进行连接,得到.exe的可执行文件。

④执行可执行文件,得到程序运行结果:执行一个经编译和连接后得到的可执行文件,得到程序运行结果。

(3)使用 Visual C++开发程序的步骤

实现 C 编译系统有很多种,本书以 Visual C++ 2010(简称"VC++ 2010")为开发平台。

1)打开 Visual C++ 2010 用户界面

选择"开始"→"所有程序"→"Microsoft Visual Studio 2010 Express"→"Microsoft Visual C++ 2010 Express"菜单命令或者双击桌面上的 Microsoft Visual C++ 2010 Express 的快捷图标,即可进入 Visual C++ 2010 学习版的界面,如图1-2所示。

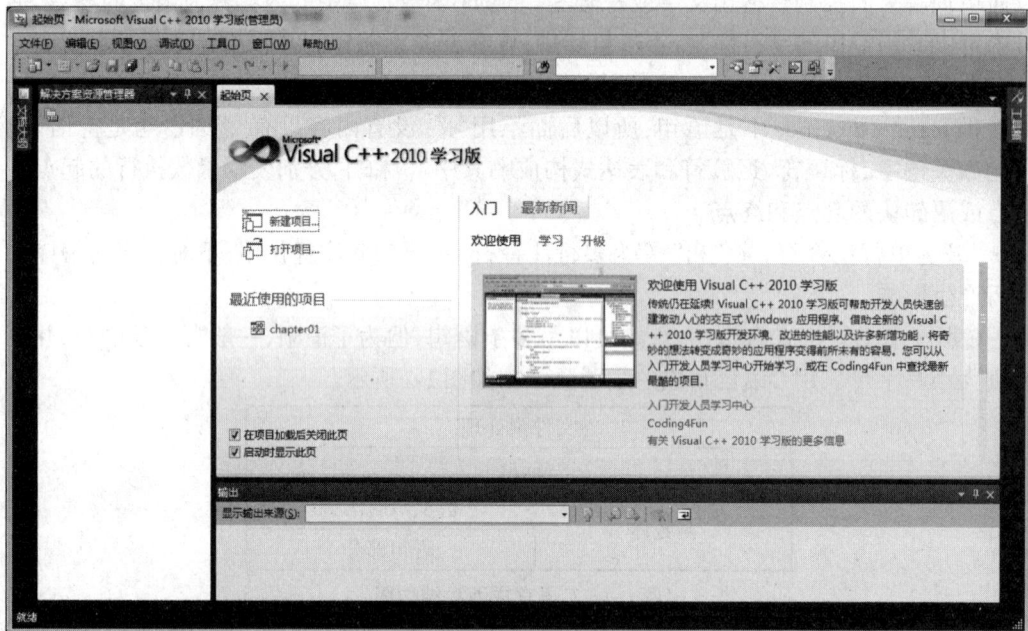

图1-2　Visual C++ 2010界面

2)新建项目

在打开的 Visual C++ 2010 界面中,单击选择"新建项目",或者选择"文件"→"新建"→"项目"菜单命令,打开"新建项目"对话框,如图1-3所示。在模板区域选择"Visual C++",在项目区域选择"空项目",将项目名称及路径区域的名称位置设置为"program01",项目的位置设置为"E:\chapter01\",将解决方案名称默认与项目名相同,单击"确定"按钮。这样创建的程序文件就会生成在"E:\chapter01\program01"目录中,至此就完成了program01项目的创建。

图1-3　"新建项目"窗口

3）添加源文件

项目创建完成后，就可以在program01项目中添加C语言源文件了。在program01项目中的源文件夹上单击鼠标右键，选择"添加"→"新建项"，如图1-4所示。打开添加新项窗口，选择"C++文件（.cpp）"，并在名称框中输入"test01.c"，如图1-5所示，单击"添加"按钮。test01.c源文件就创建成功，此时，在解决方案资源管理器的源文件夹便可以看到test01.c文件。在编辑窗口，输入代码，编辑完成后选择"文件"→"保存test01.c"命令或直接使用快捷键"Ctrl+S"保存文件。

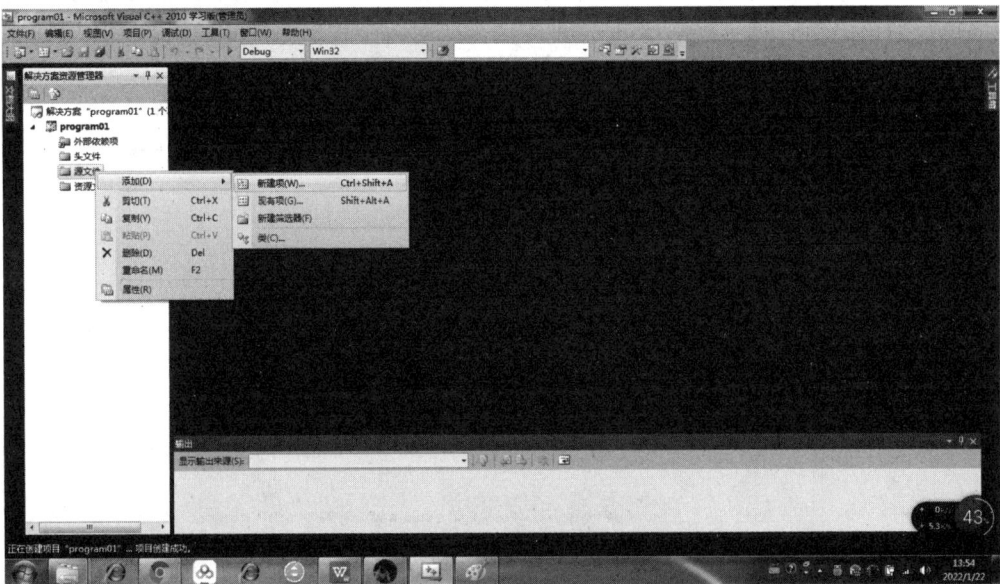

图1-4　添加新建项

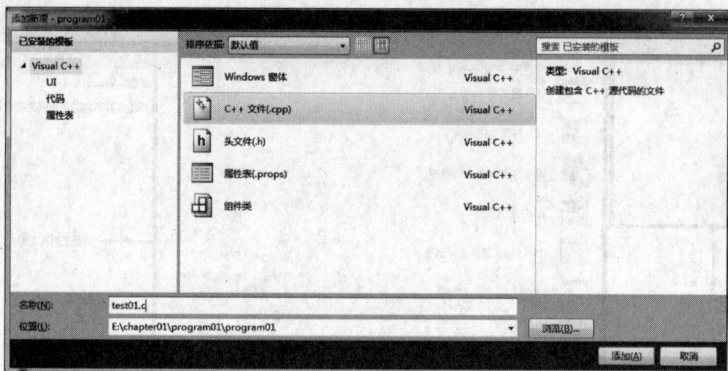

图 1-5　添加源文件

4)运行程序

源文件编写完成并保存后,就可以对源文件进行编译和运行操作了。直接使用快捷键"Ctrl+F5"来运行程序。如有编译错误,会在输出窗口中显示信息,双击出错信息,即可在源文件中定位错误,此时需要对文件继续编辑,修改后再运行,直到没有错误,弹出命令窗口并在该窗口输出运行结果。

在运行程序时需要注意的是:在VC++ 2010中直接选择"调试"→"启动调试"命令或使用快捷键"F5",是在调试状态下运行程序,运行结束后窗口会消失,此时若想看到程序的运行结果,可以使用快捷键组合"Ctrl+F5",这个快捷键组合的意义是运行程序但不调试,可以让运行界面暂停。如果"Ctrl+F5"没有运行,可以选择"项目"菜单→"属性"命令,在打开的属性页窗口中选择"配置属性"→"链接器"→"系统",在右边的"子系统"配置,选择下拉菜单的第一个"控制台 (/SUBSYSTEM:CONSOLE)",如图1-6所示,点击"确定"按钮,"Ctrl+F5"就可用了。另外,也可以在函数体最后一条语句后添加 system("pause"),当程序执行到该语句时便会暂停,但是这种方法需要对每个程序添加此代码。

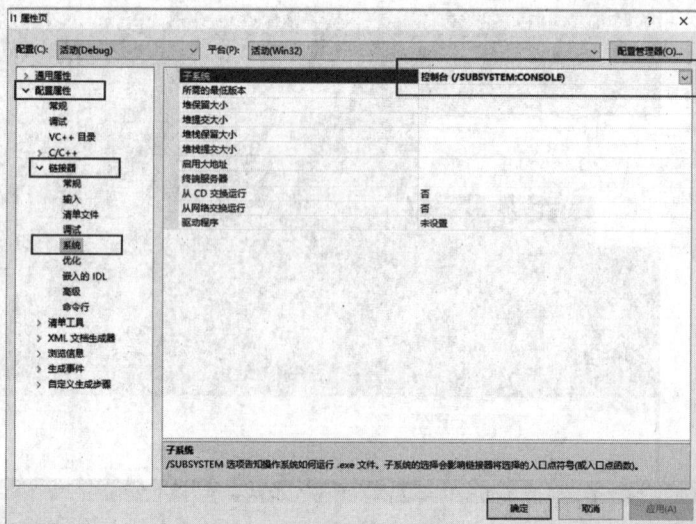

图 1-6　运行界面设置

1.2 数据描述

【任务2】 从键盘输入一个整数,然后输出这个数。

【算法分析】

① 定义1个变量。
② 输入1个整数存入变量。
③ 输出变量的值。

【代码】

```c
#include <stdio.h>
void main()
{
    int num;                        //定义一个整型变量
    printf("请输入一个整数:");
    scanf("%d",&num);               /*从键盘输入1个整数存入变量num中*/
    printf("%d",num);               //输出这个数
}
```

【知识点】

一个函数的函数体由数据声明部分和语句部分组成。数据声明部分用来定义该函数所用到的数据,也就是对数据的描述;语句部分用来对数据进行操作。本节介绍对数据的描述。

（1）常量

在程序运行中,其值不能被改变的数据称为常量。常量按数据类型可以分为整型常量、实型常量、字符型常量和字符串常量4种;按表现形态可以分为直接常量和符号常量2种。

1）整型常量
整型常量是没有小数点的数值,有3种形式:十进制、八进制和十六进制。
① 十进制:由数码0~9组成的数字序列,如198。
② 八进制:以数字0开头,由数码0~7组成的数字序列,如0342。
③ 十六进制:以0x或者0X开头,由数码0~9、字符A~F组成的数字序列,如0x25AF。
2）实型常量
以小数形式或指数形式出现的数,均为实型常量。它有十进制小数形式和指数形

式2种。

① 十进制小数形式:由数码0~9、正负号和小数点(必须要有小数点)组成,如3.1415,24.,.54。

② 指数形式:由尾数、字母e或E和阶码3部分组成,其中尾数为十进制小数或整数,阶码为十进制整数。尾数和阶码都不能省略,如3.1415e3表示3.1415×10^3。

3)字符型常量

用西文的单引号括起来的单个普通字符或转义字符,单引号称为字符型常量的定界符,定界符中包含的那个字符是字符常量。例:'A '、'+ '、'8'、'\n'。

普通字符指ASCII字符集包含的可输出字符,转义字符是以"\"开头的特殊字符序列,将"\"后面的字符转换成特定的含义,用来表示控制代码。常见的转义字符及功能见表1-1。

表1-1　常用的转义字符及功能

转义字符	转义字符的意义	ASCII代码
\n	回车换行,将当前位置移到下一行的开头	10
\r	回车,将当前位置移到本行的开头	13
\f	将当前位置移到下一页开头	12
\t	将当前位置水平跳到下一制表位置(Tab)	9
\b	退格,将当前位置后退一个字符	8
\\	输出反斜线符"\"	92
\'	输出单引号符	39
\"	输出双引号符	34
\ddd	输出1~3位八进制数所代表的字符	—
\xhh	输出1~2位十六进制数所代表的字符	—

4)字符串常量

用西文的双引号"""括起来的一串字符,双引号称为字符串型常量的定界符,例如"hello "、"123 "。

一个字符串可以包含一个字符或多个字符,也可以不包含任何字符,即长度为零。

C语言中除上述直接常量外,还有一种用标识符代表的常量,称为符号常量。符号常量必须先定义后使用。定义时必须指定符号常量的名和值,在运行过程中它的值不能被改变(即不能被赋值)。一般在程序中多次使用的常量,通常用符号常量,减少编程的工作量。

符号常量的定义方法:

#define 符号常量名 常量

注意:

① 符号常量名遵守标识符命名规则。标识符的命名规则:以字母或下画线开头,由

字母、数字、下画线组成,不能用关键字作标识符。

②习惯上符号常量的标识符用大写字母,变量标识符用小写字母,以示区别。

③此定义为宏预处理,行末没有分号。

④符号常量不占内存,只是一个临时符号,在预编译时,用值代替名。

【例1.1】　符号常量的使用——求圆的面积。

```c
#include <stdio.h>
#define PI 3.14159                      //定义符号常量PI,值为3.14159
void main()
{
    float area,r=10;
    area= PI *r*r;                      //计算圆的面积
    printf("area=%f\n",area);           //输出圆的面积
}
```

程序运行结果如图1-7所示。

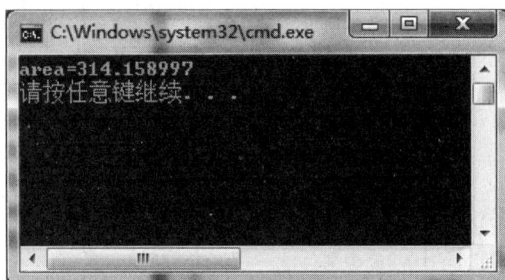

图1-7　例1.1程序运行结果

（2）变量

变量就是在程序运行过程中,其值可以被改变的量。每个变量都有一个名字和相对应的数据类型,名字表示数据在内存中的位置,而数据类型则决定了占用内存的大小以及值的范围。变量名和类型由变量定义指定,所以变量定义必须在变量使用之前,即变量要先定义,后使用。

1)变量的定义

变量定义的一般格式:

类型声明符　变量名[,变量名,...];

方括号的内容表示可选的,类型声明符用来说明变量的数据类型,变量名必须遵守标识符命名规则。

例如:

```c
int  x;                    //定义了整型变量x
float  a,b;                //定义了实型变量a,b
char  c1,c2,c3;            //定义了字符型变量c1,c2,c3
```

2)变量的赋值

用赋值语句把计算得到的表达式的值赋给一个变量。

例如：

int x,y ;　　　//定义了整型变量x,y

x=3;　　　　　//将3赋给x这个变量

y=x+2;　　　　//将x+2的值赋给y这个变量,此时x必须有确定的值

3)变量的初始化

在定义变量时,给变量赋值称为变量的初始化。

例如：

int x=3,y;　　　//在定义了变量x,y的同时给变量x赋值为3,是对变量x进行初始化

4)变量的数据类型

在C语言中,数据类型可分为4类:基本数据类型、构造数据类型、指针类型和空类型,如图1-8所示。在此介绍基本数据类型,其余类型在后面章节中陆续介绍。

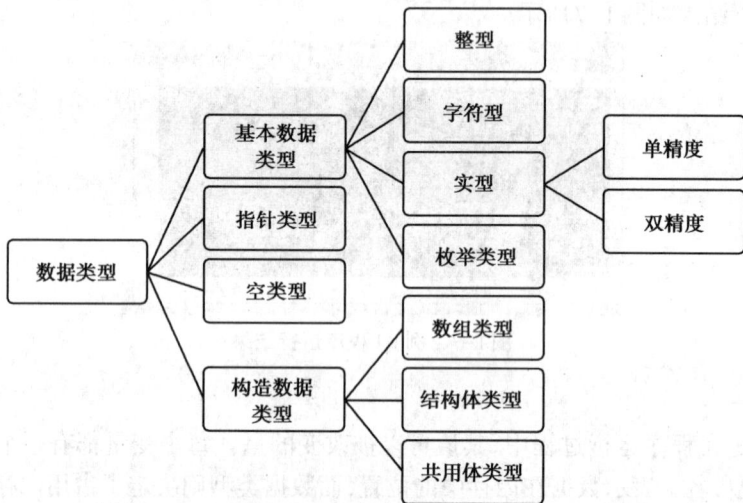

图1-8　C语言数据类型

① 整型变量:用来储存整数数值,即没有小数部分的值。整型数据分类及长度见表1-2。

表1-2　整型数据常见种类及长度

整型种类	类型名	VC++ 2010中占字节数	取值范围
有符号基本整型	[signed] int	4个字节	$-2^{31} \sim 2^{31}-1$
无符号基本整型	unsigned int	4个字节	$0 \sim 2^{32}-1$
有符号短整型	[signed] short[int]	2个字节	$-2^{15} \sim 2^{15}-1$
无符号短整型	unsigned short[int]	2个字节	$0 \sim 2^{16}-1$
有符号长整型	[signed] long[int]	4个字节	$-2^{31} \sim 2^{31}-1$

续表

整型种类	类型名	VC++ 2010中占字节数	取值范围
无符号长整型	unsigned long[int]	4个字节	$0 \sim 2^{32}-1$
有符号双长整型	[signed] long long[int]	8个字节	$-2^{63} \sim 2^{63}-1$
无符号双长整型	unsigned long long[int]	8个字节	$0 \sim 2^{64}-1$

② 实型变量:用来存储小数数值。实型数据分类及长度见表1-3。

表1-3 实型数据常见种类及长度

浮点型种类	VC++2010中占字节数	取值范围
float	4个字节	$-2^{31} \sim 2^{31}-1$
double	8个字节	$-2^{63} \sim 2^{63}-1$
long double	8个字节	$-2^{63} \sim 2^{63}-1$

③ 字符型变量:C语言的最基本元素,由字母、数字、空白符、标点和特殊字符组成。在机器中,字符型也是一种整型,以1个字节(8位)的ASCII存储。字符型数据分类及长度见表1-4。

表1-4 字符型数据常见种类及长度

字符型种类	类型名	VC++ 2010中占字节数	取值范围
有符号字符型	[signed] char	1个字节	$-2^{7} \sim 2^{7}-1$
无符号字符型	unsigned char	1个字节	$0 \sim 2^{8}-1$

④ 枚举类型:把可能的值一一列举出来,变量的值只可以在列举出来的值中取。在后面的章节介绍。

1.3 数据操作

【任务3】 从键盘输入2个整数,输出它们之和。

【算法分析】

① 定义3个变量,2个数之和;
② 从键盘输入2个整数,分别存入2个变量中;
③ 计算它们的和,赋值给和的变量;
④ 输出结果。

【代码】

```
#include<stdio.h>
void main()
{
    int x,y,sum;                    //定义3个整型变量
    printf("请输入两个整数:");
    scanf("%d%d",&x,&y);            /*从键盘输入2个整数,分别存入变量x和y中*/
    sum=x+y;                        //求x和y的和,并把它赋给变量s
    printf("两个数的和是: %d",sum); //显示程序运算结果sum的值
}
```

【知识点】

(1) 运算符与表达式

1)运算量

参加运算的对象称为运算量,运算量包括常量、变量和函数等。

2)运算符

表示运算的符号称为运算符或操作符。有1个运算量的运算符称为单目运算符;有2个运算量的运算符称为双目运算符;有3个运算量的运算符称为三目运算符。

C语言提供了丰富的运算符,共有13类:

① 算术运算符: +、-、*、/、%、++、--。

② 关系运算符: <、<=、==、>、>=、!=。

③ 逻辑运算符: !、&&、||。

④ 位运算符: <<、>>、~、|、^、&。

⑤ 赋值运算符: = 及其扩展。

⑥ 条件运算符: ?:。

⑦ 逗号运算符: ,。

⑧ 指针运算符: *、&。

⑨ 求字节数 : sizeof。

⑩ 强制类型转换:(类型)。

⑪ 分量运算符: .、->。

⑫ 下标运算符: []。

⑬ 其他运算符: ( )、-。

3)运算符的优先级与结合性

① 运算符的优先级:当在一个表达式中出现多个运算符时,要按照运算符的优先级

别进行运算,优先级别高的先于优先级别低的运算。

② 运算符的结合性:在一个运算量两侧的运算级别相同时,则按照运算符的结合性规定的结合方向处理。结合方向包括:左结合性(自左至右)和右结合性(自右至左)。

一般来说,单目运算符优先级较高,赋值运算符较低。算术运算符较高,关系和逻辑运算符较低。大多数运算符具有左结合性,单目运算符、赋值运算符和三目运算符具有右结合性。

4)表达式

用运算符把运算量连接起来的式子称为表达式。单个常量、变量或函数也可以看成是特殊的表达式。

（2）算术运算符

5种基本的算术运算符分别是+(加法)、-(减法)、*(乘法)、/(除法)、%(求余数)

这里,需要特别提出的是:

1)关于除法运算符"/"

在进行除法运算时,当除数和被除数都为整数时,得到的结果也是一个整数。如果除法运算有小数参与,得到的结果会是一个小数。例如:5/2=2,而5.0/2=2.5。

2)关于求余数运算符"%"

要求两侧的操作数均为整型数据,结果的符号与被除数的符号相同。例如:5%3=2,3%5=3,-5%3=-2,-5%(-3)=-2。但是,5.2%3是语法错。

*、/、%的优先级别高于+、-的优先级,都具有左结合性。

（3）赋值类运算符

1)赋值运算符

赋值符号"="就是赋值运算符,它的作用是将一个表达式的值赋给一个变量。

赋值运算符的一般格式为:

变量=表达式

例如:

x=7;　　　　//将7赋给变量x

x=2+7;　　　//将2+7的和赋给变量x

但是7=x是错误的,因为赋值符号"="的左边一定是单个的变量,不能是常量或表达式。

C语言中可以通过一条赋值语句对多个变量进行赋值,例如:

int x,y,z;　　//定义了整型变量x,y,z

x=y=z=6;　　//为3个变量同时赋值

在上述代码中,一条赋值语句可以同时为变量x、y、z赋值,这是由于赋值运算符的结合性为"从右向左",即先将6赋给变量z,然后再把变量z的值赋给变量y,最后把变量y的值赋给变量x,表达式赋值完成。需要注意的是,下面的这种写法在C语言中是不可取的。

int x=y=z=6;　　//这样写是错误的

赋值运算符的优先级别仅高于逗号运算符,具有右结合性。

2)复合赋值运算符

在赋值符之前加上其他的运算符可构成复合赋值符,如+=、-=、*=、/=、%=。

复合赋值运算的一般格式为:

变量　复合运算符　表达式

例如:

x+=3 ;　　　　　//等价于 x=x+3

x*=y+2 ;　　　　//等价于 x=x*(y+2)

复合赋值运算的优先级别和结合性与赋值运算符的相同。

3)自增和自减运算符

自增运算符为"++",其功能是使变量自加1。自减运算符为"− −",其功能是使变量自减1。

它们有两种用法:

前缀运算:++变量,−−变量

先使变量的值增(减)1,然后再以改变后的值参与其他运算,即先增减,后运算。

后缀运算:变量++,变量−−

变量先参与其他运算,然后再使变量的值增(减)1,即先运算,后增减。

【例1.2】　自增自减运算。

```c
#include <stdio.h>
void main()
{
    int i=10;
    printf("%d\n",++i);              //i的值先加1后输出i的值11
    printf("%d\n",--i);              //i的值先减1后输出i的值10
    printf("%d\n",i++);              //i的值10先输出后再加1得11
    printf("%d\n",i--);              //i的值11先输出后再减1得10
}
```

程序运行结果如图1-9所示。

图1-9　例1.2程序运行结果

（4）位运算符

位运算符是针对二进制数的每一位进行运算的符号，专门针对数字0和1进行操作。C语言中的位运算符的范例及结果见表1-5。

表1-5　位运算符

运算符	运算	范例	结果
&	按位与	0&0	0
		0&1	0
		1&0	0
		1&1	1
|	按位或	0|0	0
		0|1	1
		1|0	1
		1|1	1
~	取反	~0	1
		~1	0
^	按位异或	0^0	0
		0^1	1
		1^0	1
		1^1	0
<<	左移	00000010<<2	00001000
		10010101<<2	01010100
>>	右移	01100110>>2	00011001
		11001010>>2	11110010

位运算符仅能对数值型的数据进行运算。在对数字进行位运算之前，程序会将所有的操作数转换成二进制数，然后再逐位运算。

下面针对每个运算符的含义进行讲解。

1）与运算符

位运算符"&"是将参与运算的两个二进制数进行"与"运算，如果两个二进制位都为1，则该位的运算结果为1，否则为0。例如将6和13进行与运算，6对应的二进制数为00000110，13对应的二进制数为00001101，具体演算过程如下所示：

$$00000110$$
$$\&\ \ 00001101$$
$$\overline{\qquad\qquad\qquad}$$
$$00000100$$

运算结果为00000100,对应数值4。

2)或运算符

位运算符"|"是将参与运算的两个二进制数进行"或"运算,如果二进制位上有一个值为1,则该位的运算结果为1,否则为0。例如将6和13进行或运算,具体演算过程如下所示:

$$
\begin{array}{r}
00000110 \\
|\quad 00001101 \\
\hline
00001111
\end{array}
$$

运算结果为00001111,对应数值15。

3)取反运算符

位运算符"~"只针对一个操作数进行操作,如果二进制位是0,则取反值为1;如果二进制位是1,则取反值为0。例如,将6进行取反运算,具体演算过程如下所示:

$$
\begin{array}{r}
\sim\quad 00000110 \\
\hline
11111001
\end{array}
$$

运算结果为11111001,最高位是1表示负数,则末位减1取反,对应的数值为-15。

4)异或运算符

位运算符"^"是将参与运算的两个二进制数进行"异或"运算,如果二进制位相同,则值为0,否则为1。例如将6和13进行异或运算,具体演算过程如下所示:

$$
\begin{array}{r}
00000110 \\
\verb|^|\quad 00001101 \\
\hline
00001011
\end{array}
$$

运算结果为00001011,对应数值11。

5)左移运算符

位运算符"<<"是将操作数所有二进制位向左移动一位。运算时,右边的空位补0。左边移走的部分舍去。例如,一个byte类型的数字13用二进制表示为00001101,将它左移一位,具体演算过程如下所示:

$$
\begin{array}{r}
00001101 \quad\quad <<1 \\
\hline
00011010
\end{array}
$$

运算结果为00011010,对应数值26。

6)右移运算符

位运算符">>"是将操作数所有二进制位向右移动一位。运算时,左边的空位根据原数的符号位补0或者1(原来是负数就补1,是正数就补0)。右边移走的部分舍去。例如,一个byte类型的数字13用二进制表示为00001101,将它左移一位,具体演算过程如下所示:

$$00001101 \qquad >>1$$

$$00000110$$

运算结果为00000110,对应数值6。

（5）逗号运算符

C语言提供一种用逗号运算符",",连接起来的式子,称为逗号表达式。逗号运算符又称顺序求值运算符。

逗号表达式一般格式:

表达式1,表达式2……,表达式n.

逗号表达式求解过程:自左至右,依次计算各表达式的值,"表达式n"的值即为整个逗号表达式的值。

逗号表达式优先级别最低,具有左结合性。

例如:逗号表达式"a=2*5,a*4"的值等于40:先求解a=2*5,得a=10;再求a*4=40,所以逗号表达式的值为40。

又例如:逗号表达式"b=2+1,b*5,b+9"的值等于12,先求解b=2+1,得b=3,再求b*5=15;最后求解b+9=12,所以逗号表达式的值为12。

（6）强制类型转换

C语言中,可以把一种类型的数据通过强制类型转换为另一种类型的数据。

强制类型转换一般格式为:

(类型声明符)(表达式)

功能:把表达式的运算结果强制转换成类型声明符所表示的类型。

例如:

(int)x　　　　　//把x转换为整型

(float)(a+b)　　//把a+b的结果转换为实型

在使用强制转换时应注意以下问题:

① 类型声明符和表达式都必须加括号(变量可不加)。如把(float)(a+b)写成(float)a+b则成了把a转换成float型之后再和b相加。

② 将实数转换为整数时,直接截断,不是四舍五入。如(int)4.7结果为4。

③ 强制转换和自动转换只是为了本次运算的需要,对变量的数据长度进行的临时性转换,而不改变原来对该变量定义的类型。如:(int)x只是将x的值转换成一个int型的中间量,数据类型并没转换成int型。

（7）长度运算

长度运算可以求出指定数据类型或数据在内存中的存储长度。

长度运算的一般格式为:

sizeof(类型标识符或表达式)

例如:int a;sizeof(a)的结果为4。

技能实训

【**实训1**】 以下程序的功能是输出文本信息"欢迎学习C语言",请输入并运行源程序,找出程序的错误所在,记录下来并分析改正。

源程序	修改后程序

void main()
{
    printf("欢迎学习C语言")
}	

错误提示	**原因分析**

【**实训2**】 请输入并运行源程序,找出程序的错误所在,记录下来并分析改正。

源程序	修改后程序

#include<stdio.h>
#define A 3
main()
{
    int x=7,y;
    x=2;
    A=6;
    y=x*A;
    printf("%d",y);
}	

错误提示	**原因分析**

【**实训3**】 以下程序的功能是输出5+7+9之和,请输入并运行源程序,找出程序的错误,记录下来并分析改正。

源程序	修改后程序

`#include<stdio.h>`
`main()`
`{`
    `int a=5,b,c;`
    `c=9;`
    `d=a+b+c;`
    `printf("%d",d);`
`}`	

错误提示	原因分析

【实训4】 阅读分析下列程序,并回答题后的问题。

【代码】

```
#include<stdio.h>
void main()
{
    int a=17,b=4;
    float c;
    c=a/b;
    printf("%f\n",c);
    printf("%d\n",a%b);
}
```

① 此程序实现的功能为:＿＿＿＿＿＿＿＿＿＿。

② 预测此程序的输出结果为:＿＿＿＿＿＿＿＿＿＿。

③ 程序运行后的结果为:＿＿＿＿＿＿＿＿＿＿。

【实训5】 阅读分析下列程序,并回答题后的问题。

【代码】

```
#include<stdio.h>
void main()
{
    int a=7,b=4;
    a+=5;
```

```
        b-=a*2;
        printf("%d, %d \n",a,b);
    }
```

① 预测此程序的输出结果为：_____。

② 程序运行后的结果为：_____。

【实训6】 阅读分析下列程序,并回答题后的问题。

【代码】

```
#include "stdio.h"
void main()
{
    int m=3,n=4,x;
    x=-m++;
    x=x+8/++n;
    printf("%d,%d,%d \n",m,n,x);
}
```

① 预测此程序的输出结果为：_____。

② 程序运行后的结果为：_____。

【实训7】 阅读分析下列程序,并回答题后的问题。

【代码】

```
#include<stdio.h>
void main()
{
    int a,b,c;
    c=(a=6,b=a+3,b+1);
    printf("%d,%d,%d\n",a,b,c);
}
```

① 预测此程序的输出结果为：_____。

② 程序运行后的结果为：_____。

【实训8】 阅读分析下列程序,并回答题后的问题。

【代码】

```
#include<stdio.h>
void main()
{
    int x=5,y;
    y=++x,x+=4,x++;
    printf("%d,%d\n",x,y);
}
```

① 预测此程序的输出结果为:_____。

② 程序运行后的结果为:_____。

③ 将 y=++x,x+=4,x++;改为 y=(++x,x+=4,x++);看看结果有什么不同。

_____。

【实训9】 编写程序并上机验证:已知某同学的语文、数学和英语的成绩分别是91分、84分和78分,求这位同学3门课程的总分和平均分。

提示:先求出3门课程的和,然后求平均分。注意平均分的数据类型和结果。

单元1
课后习题

知识归纳图表

知识回顾
（绘制本单元知识关系图）

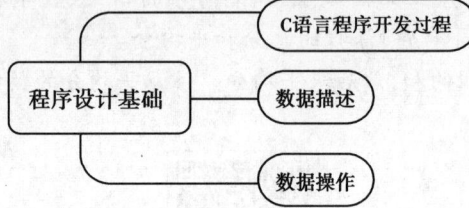

```
                                    ┌─────────────────────┐
                          ┌─────────│  C语言程序开发过程   │
              ┌───────────────┐     └─────────────────────┘
              │ 程序设计基础  │─────│     数据描述     │
              └───────────────┘     └─────────────────┘
                          └─────────│     数据操作     │
                                    └─────────────────┘
```

思考总结

单元2　顺序结构程序设计

知识目标

① 了解算法的概念及其表示方法。

② 理解程序的3种基本结构。

③ 熟练掌握格式化输入输出函数的使用方法。

④ 掌握顺序结构程序设计方法。

能力目标

① 具有使用流程图和N-S图描述算法的能力。

② 具有使用C语言进行顺序结构程序设计的能力。

③ 具有初步编写简单程序的能力。

素质目标

① 培养学生规范代码编写的职业素养。

② 通过对程序的反复调试,培养严谨的职业素养。

③ 提高学生的文化修养。

学习计划表

	项目	算法及其表示	程序的3种基本结构	数据输入和输出
课前预习	预习时间			
	预习结果	1. 难易程度 ○偏易(即读即懂)　　○适中(需要思考) ○偏难(需查资料)　　○难(不明白) 2. 疑点问题		
课后复习	复习时间			
	复习结果	1. 掌握程度 ○了解　○熟悉　○掌握　○精通 2. 重点、难点归纳		

引导案例

用海伦公式求三角形的面积

案例描述

输入三角形3条边的边长,用海伦公式求三角形面积。

海伦公式又译作希伦公式、海龙公式、希罗公式、海伦-秦九韶公式。它是利用三角形的3条边的边长直接求三角形面积的公式。表达式为:$s=\sqrt{p(p-a)(p-b)(p-c)}$,它的特点是形式漂亮,便于记忆。

相传这个公式最早是由古希腊数学家阿基米德得出的,但因为这个公式最早出现在海伦的著作《测地术》中,所以被称为海伦公式。中国秦九韶也得出过类似的公式,称为三斜求积术。

案例分析

输入三角形3条边的边长,所以显然要定义3个变量a、b、c,同时还要定义三角形面积area。

由于在求三角形的面积时要用的海伦公式$s=\sqrt{p(p-a)(p-b)(p-c)}$中,$p$是三角形的二分之一周长,所以还需要定义三角形的二分之一周长p。

需要提示的是area=sqrt(p*(p-a)*(p-b)*(p-c)),即根号用sqrt()函数表示。只要在程序的前面加上库函数math.h就行了。

案例实现

引导案例

2.1 算法及其表示

(1)算法

为解决一个问题而采取的方法和步骤称为算法。对于同一个问题,可以有不同的解题方法和步骤。一般采用简单和运算步骤少的算法。

(2)算法的表示

描述算法的方法有很多,如自然语言、传统流程图、N-S流程图、伪代码等。下面简单介绍传统流程图、N-S流程图两种算法表示方法。

1)传统流程图

传统流程图(流程图)四框一线,符合人们的思维习惯,用它表示算法直观形象,易于理解。常用的框图符号及功能见表2-1。

表2-1 框图符号及功能

符号	名称	功能
▭	起止框	表示算法的开始和结束,一般内部只写"开始"或"结束"
▭	处理框	表示算法的某个处理步骤,一般内部填写赋值操作
◇	判断框	判断某个条件是否成立,成立时在出口处标明"是"或"Y";不成立时标明"否"或"N"
▱	输入、输出框	表示一个算法输入和输出操作,一般内部填写"输入…"或"打印/显示…"
↓ →	带箭头的线段	表示流程进行的方向

2)N-S流程图

1973年,美国学者I.Nassi和B.Shneiderman提出了一种新的流程图——N-S流程图。在N-S流程图中取消了带箭头的流程线,即每种结构用一个矩形框表示。

2.2 程序的3种基本结构

C语言中一般采用顺序结构、选择结构和循环结构3种基本程序结构。

(1)顺序结构

顺序结构就是按照程序语句的先后顺序,一条一条地依次执行。顺序结构的流程图和N-S图如图2-1所示。

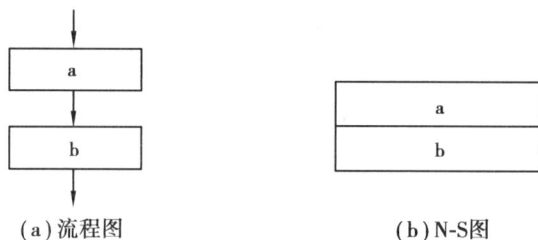

(a)流程图　　　　　　　　(b)N-S图

图2-1 顺序结构

(2)选择结构

选择结构是根据条件判断的结果,从两种或多种路径中选择一条执行,选择结构的流程图和N-S图如图2-2所示。

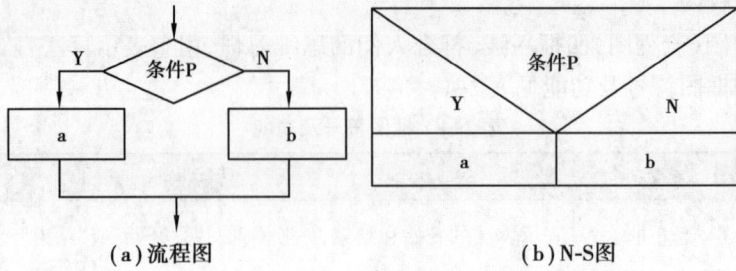

(a) 流程图   (b) N-S图

图2-2　选择结构

（3）循环结构

循环结构就是当条件成立时,重复执行一组操作。循环结构有两种:当型循环结构和直到型循环结构。

1) 当型循环结构

当型循环结构是先判断所给条件 p 是否成立,若 p 成立,则执行 a(步骤);再判断条件 p 是否成立;若 p 成立,则又执行 a,若此反复,直到某一次条件 p 不成立时为止。因为是"当条件满足时执行循环",即先判断后执行,所以称为当型循环。当型循环结构的流程图和 N-S 图如图 2-3 所示。

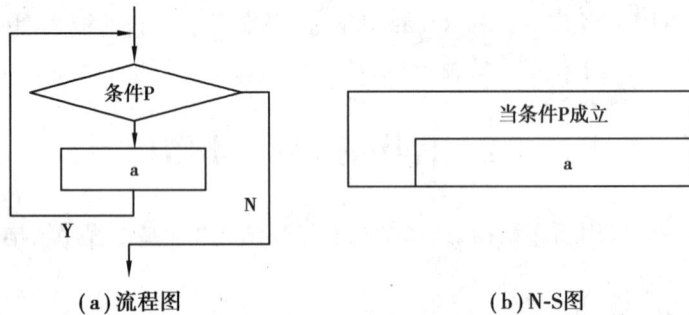

(a) 流程图   (b) N-S图

图2-3　当型循环结构

2) 直到型循环结构

直到型循环结构就是先执行 a,再判断所给条件 p 是否成立,若 p 不成立,则再执行 a,如此反复,直到 p 成立,该循环过程结束。因为是"直到条件为真时为止",所以称为直到型循环。直到型循环结构的流程图和 N-S 图如图 2-4 所示。

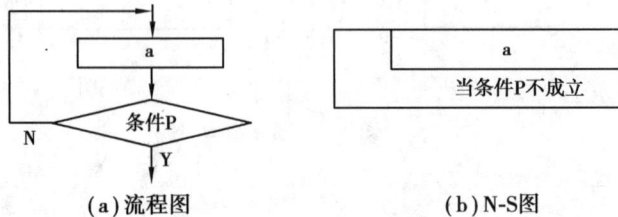

(a) 流程图   (b) N-S图

图2-4　直到型循环结构

2.3 数据的输入和输出

【任务1】 从键盘输入2个整数,交换它们的值后输出。

【算法分析】

① 定义3个变量。
② 从键盘输入2个整数存入2个变量中。
③ 利用第3个中间变量交换2个变量的值。
④ 输出2个变量交换后的结果。

【代码】

```
#include<stdio.h>
void main()
{
    int x,y,p;                          //定义3个整型变量
    printf("请输入两个整数:");
    scanf("%d,%d",&x,&y);               /*从键盘输入2个整数*/
    p=x;
    x=y;
    y=p;                                /*利用中间变量p交换x和y的值*/
    printf("交换后两个整数的值为: %d,%d\n",x,y); //显示x和y交换后的果值
}
```

【知识点】

C语言的输入和输出操作是通过C语言标准函数库中提供的输入输出函数来实现的。由于库函数的信息都在相关的头文件中,因此使用前应在程序的开头使用相应的编译预处理命令,即在使用前必须在程序的头部使用命令:#include<stdio.h>或#include"stdio.h"。

常用头文件有:

stdio.h 定义输入输出函数

string.h 定义字符串操作函数

math.h 定义sin、cos等数学函数

(1)格式化输出函数printf()

printf()的功能是按用户指定的格式,把指定的数据显示到显示器屏幕上。

printf()的一般格式：

printf("格式字符串" [,输出项表]);

1）常用的格式字符串

①格式指示符：说明输出数据的类型、宽度、精度等。

常用的格式指示符有：

%d 带符号十进制整数。

%f 带符号十进制小数形式（默认6位小数）。

%c 输出一个字符。

②转义字符：自动转换为相应操作命令。

如任务1中的printf()中的"\n"就是转义字符，输出时产生一个"换行"。具体转义字符功能见表1-1。

③普通字符：除格式指示符和转义字符之外的其他字符，原样输出。

如任务1中的printf("交换后两个整数的值为: %d,%d\n",x,y); 中的"交换后两个整数的值为:"，是格式字符串中的普通字符，原样输出。

2）输出项表

要输出的数据，可以是变量或表达式，可以没有，有多个时以","分隔。例如：

printf("请输入两个整数:\n");　　　//没有输出项

printf("%d",5+2);　　　　　　　　//输出5+2表达式的值

printf("a=%d, b=%d\n",a,b);　　　　//输出变量a的值和变量b的值

注意：格式指示符一定要和输出项的数据类型一致，否则会出错。例如，printf("%d, %f \n",3.756,8); 是错误的。因为"%d"是整型格式，但3.756却是实数，同样"%f"是实数格式，但8却是整型

【例2.1】 格式化输出。

```c
#include <stdio.h>
void main()
{
    int x=5,y=3,z=8;    //定义x,y,z 3个整型变量,并将它们的初值赋为5,3,8
    float a=3.6,b=8.4;
    char c1='a',c2='b';    //定义c1,c2两个字符型变量,并将它们的初值赋为'a'和'b'
    printf("输出x,y,z的值\n");           //原样"输出x,y,z的值"后换行
    printf("x=%d,y=%d,z=%d\n",x,y,z);    //输出" x=5,y=3,z=8"后换行
    printf("输出a,b的值\n");
    printf("a=%f,b=%f\n",a,b);
    printf("输出c1,c2的值\n");
    printf("c1=%c,c2=%c\n",c1,c2);    //输出c1=a,c2=b后换行
}
```

程序运行结果如图2-5所示。

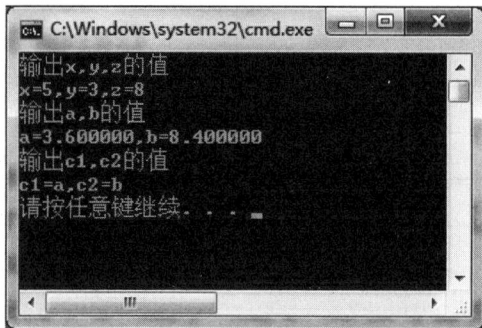

图2-5 例2.1程序运行结果

字符可以用"%c"输出字符,也可以用"%d"输出字符ASCII所对应的十进制整数。值在0~255的整数,也可以用"%c"形式输出为字符。

【例2.2】 字符数据的输出。

```c
#include <stdio.h>
void main()
{
    char c='a';
    int i=97;
    printf("%c , %d\n",c,c);    //分别以%c和%d输出字符变量c的字符和整数
    printf("%c , %d\n" ,i ,i);    //分别以%c和%d输出整型变量i的字符和整数
}
```

程序运行结果如图2-6所示。

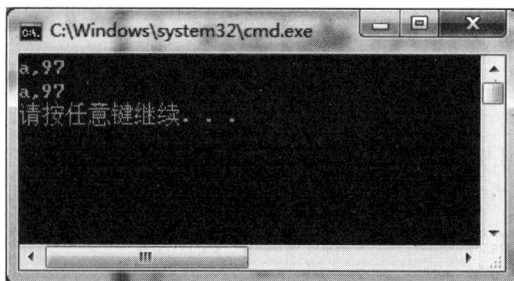

图2-6 例2.2程序运行结果

格式字符串中的格式指示符除了上面常用的情况外,其他的格式说明见表2-2和表2-3。

表2-2 printf格式字符

格式字符	说明
d	以十进制形式输出带符号整数(正数不输出符号)
o	以八进制形式输出无符号整数(不输出前缀0)
x,X	以十六进制形式输出无符号整数(不输出前缀ox)

续表

格式字符	说明
u	以十进制形式输出无符号整数
f	以小数形式输出单、双精度实数
e,E	以指数形式输出单、双精度实数
g,G	以%f或%e中较短的输出宽度输出单、双精度实数
c	输出单个字符
s	输出字符串

表2-3   printf的附加格式说明字符

字符	说明
l	用于长整型,可加在格式符d、o、x、u之前
m(代表一个整数)	输出字段的宽度。如果数据位数小于m,补空格,反之按实际输出
.n(代表一个整数)	对实数表示输出n位小数;对字符串表示截取的字符个数
–	输出的数字或字符在域内向左看齐

【例2.3】 格式化输出。

```
#include <stdio.h>
void main()
{
    int a=123;
    long c=135790;
    float f=123.456;
    printf("%d,%4d,%-4d,%2d\n",a,a,a,a);
    printf("%ld,%8ld,%-8ld,%5ld\n",c,c,c,c);
    printf("%f,%10f,%10.2f,%-10.2f,%.2f\n",f,f,f,f,f);
}
```

程序运行结果如图 2-7 所示。第一句 printf 中%d 按实际输出 123;%4d 实际数据位数 3 小于 m 的值 4,在左边补 1 个空格输出 123;%-4d,向左看齐,右边补 1 个空格输出 123;%2d 按实际输出 123。第二句 printf 中%ld 按实际输出 135790;%8ld 实际数据位数 6 小于 m 的值 8,在左边补 2 个空格输出 135790;%-8ld,向左看齐,右边补 2 个空格输出 135790;%5ld 按实际输出 135790。第三句 printf 中%f 按默认 6 位小数实际输出 123.456000;%10f 按默认 6 位小数后实际数据位数 10(小数点算一位)不小于 m 的值 10,实际输出 123.456000;%10.2f 保留 n 的值 2 位小数后,实际位数 6 小于 m 的值 10,在左边补 4 个空格输出   123.45;%-10.2f 向左看齐,右边补 4 个空格输出 123.45   ;%.2f 保留 n 的值 2 为小数后按实际输出 123.45。

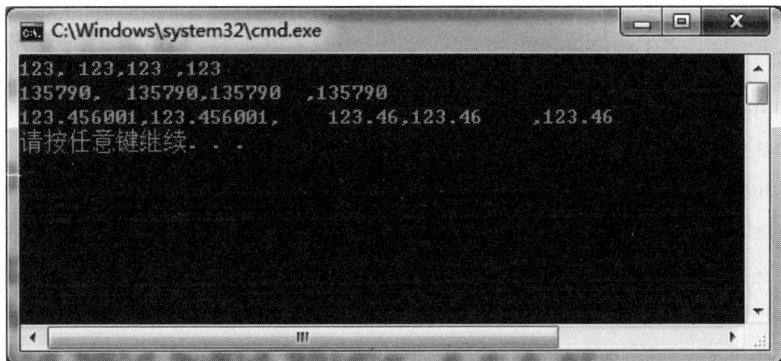

图2-7　例2.3程序运行结果

（2）格式化输入函数 scanf()

scanf()的功能是按指定格式从键盘读入数据,存入地址表指定的存储单元中,并按回车键结束。

scanf()的一般格式：

scanf("格式字符串",输入项地址表列);

1）格式字符串

格式字符串包括格式指示符和普通字符两部分。

格式指示符与 printf()的格式指示符相似：%d表示带符号十进制整数。%f表示带符号十进制实数形式,%c表示一个字符。

普通字符在输入数据时,必须按原样一起输入。

2）输入项地址表列

输入项地址表列由若干个输入项地址组成,相邻2个输入项地址之间用逗号分开。输入项地址一般由取地址运算符&和变量名组成,即:&变量名。例如:

scanf("%d,%d",&x,&y);

其功能是从键盘上输入两个整数分别存入变量 x 和 y 的存储单元中,即输入两个整数分别赋给变量 x 和 y。若 x=3,y=5,则程序运行时在键盘上输入数据为:3,5✓（回车键）。

注意：3和5之间一定要有逗号隔开,因为格式字符串中的两个%d之间是用普通字符逗号隔开的,普通字符必须按原样输入。另外,地址符号不能掉,即不能写成 scanf("%d,%d",a,b);。

如果格式指示符之间没有普通字符分隔,输入数据时可用空格、回车键或 Tab 作为分隔符。例如:

scanf("%d%d",&x,&y);

同样 x=3,y=5,则程序运行时在键盘上输入数据可以是:3 5✓,也可以是3✓ 5✓,还可以是3(按 Tab 键)5✓。

【例2.4】 格式化输入输出。

```
#include <stdio.h>
```

```
void main()
{
    int a,b;
    float c;
    printf("input a,b,c\n");        //输出提示
    scanf("%d%d%f",&a,&b,&c);    /*输入2个整数赋给整型变量a和b,输入一个实
数赋给实型变量c,3个数之间可以用空格、回车键或Tab键分开    */
    printf("a=%d,b=%d,c=%f\n",a,b,c);
}
```

程序运行结果如图2-8所示。

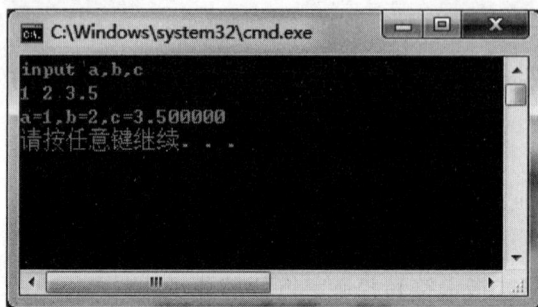

图2-8　例2.4程序运行结果

（3）字符输出函数putchar()

putchar()的功能:在显示器上输出单个字符。

调用格式:

putchar(c);

函数参数c,可以是字符变量或整型变量或字符常量,也可以是一个转义字符。例如:

putchar('a');   //输出小写字母a

putchar('\n');   //换行

注意:putchar()一次只能输出一个字符。

（4）字符输入函数getchar()

getchar()的功能:从键盘上输入一个字符。只接收单个字符,输入数字也按字符处理。输入多于一个字符时,只接收第一个字符。输入单个字符后,必须按一次回车,计算机才接收输入的字符。

调用格式:

getchar();

输入的字符可以赋给一个字符变量或整型变量,构成赋值语句,也可以不赋给任何变量,而作为表达式的一部分。

【例2.5】　字符输入输出函数。

```c
#include <stdio.h>
void main()
{
    char c;
    c=getchar();    //输入一个字符赋给变量c
    putchar(c);    //输出变量c的值
    putchar('\n');
}
```

程序运行结果如图2-9所示。

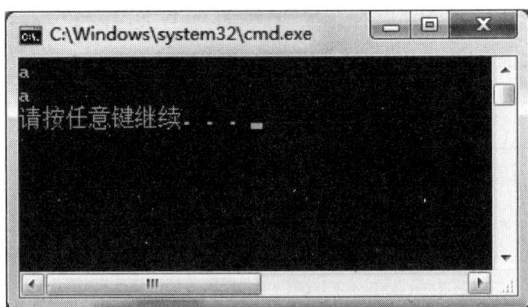

图2-9　例2.5程序运行结果

技能实训

【实训1】　阅读分析下列程序,并回答题后的问题。

【代码】

```c
#include <stdio.h>
void main()
{
    int x=66;
    float y=56.24;
    char z='a';
    printf("%d,%f,%c\n",x,y,z);
}
```

①预测此程序的输出结果为:_____。

②程序运行后的结果为:_____。

③将 printf("%d,%f,%c\n",x,y,z);改为 printf("%d,%f,%d\n",x,y,z); 看看结果有什么不同。
_____。

④将 printf("%d,%f,%c\n",x,y,z);改为 printf("%c,%f,%c\n",x,y,z); 看看结果有什么不同。

_____。

【实训2】 阅读分析下列程序,根据要求将程序补充完整。

```c
#include <stdio.h>
void main()
{
    int a=45;
    float b=25.4;
    char c='A';

    _____
}
```

①要求输出结果为"45 25.400000　A"空格处应补充的语句为:
_____。

②要求输出结果为"a=45,b=25.400000,c=A"空格处应补充的语句为:
_____。

【实训3】 阅读分析下列程序,并回答题后的问题。

【代码】

```c
#include <stdio.h>
void main()
{
    int a=73;
    float f=74.5739;
    printf("%d,%4d,%-4d,%2d\n",a,a,a,a);
    printf("%f,%10f,%10.3f,%-10.3f,%.3f\n",f,f,f,f,f);
}
```

① 预测此程序的输出结果为:_____。

② 程序运行后的结果为:_____。

【实训4】 阅读分析下列程序,并回答题后的问题。

```c
#include <stdio.h>
void main()
{
    int a,b,c;
    printf("input a,b,c\n");
    scanf("%d%d%d",&a,&b,&c);
    printf("a=%d,b=%d,c=%d",a,b,c);
}
```

①a,b,c的值分别是1,2,3,程序运行后的结果为:_____。

②将 scanf("%d%d%d",&a,&b,&c);改为 scanf("%d,%d,%d",&a,&b,&c); 看看输入有什么不同。

_____。

③将 scanf("%d%d%d",&a,&b,&c); 改为 scanf("a=%d,b=%d,c=%d",&a,&b,&c); 看看输入有什么不同。

_____。

【实训5】 阅读分析下列程序,并回答题后的问题。

```c
#include <stdio.h>
void main()
{
    char a,b;
    printf("input character a,b\n");
    scanf("%c%c",&a,&b);
    printf("%c%c\n",a,b);
}
```

①当输入为 a b↙时,预测此程序的输出结果为:_____。

程序运行后的结果为:_____。

②当输入为 ab↙时,预测此程序的输出结果为:_____。

程序运行后的结果为:_____。

【实训6】 以下程序的功能是键盘输入2个数,求2个数倒数之和,请输入并运行源程序,找出程序的错误所在,记录下来并分析改正。

源程序	修改后程序
```c#include <stdio.h>void main(){ int m,n; float s; printf("请输入m和n的值:"); scanf("%d,%d",m,n); s=1/m+1/n printf("%d和%d的倒数之和为%f\n",m,n,s);}```	
错误提示	原因分析

【实训7】 以下程序的功能是输入3个数,将第二个数值给第一个,第三个给第二个,第一个给第三个,然后输出它们的值。请将下列程序补充完整,并上机调试运行出结果。

源程序	运行结果

``c
#include <stdio.h>
void main()
{
    _____
    int t;
    scanf("%d,%d,%d", _____);
    _____
    a=b;
    b=c;
    _____
    printf("a=%d,b=%d,c=%d",a,b,c);
}
``	

【实训8】 阅读分析下列程序,并回答题后的问题。

【代码】

```c
#include <stdio.h>
void main()
{
    char a='b',b='o',c='k';
    putchar(a); putchar(b); putchar(b); putchar(c); putchar('\t');
    putchar(a); putchar(b);
    putchar('\n');
    putchar(b); putchar(c);
    putchar('\n');
}
```

① 预测此程序的输出结果为:_____。

② 程序运行后的结果为:_____。

【实训9】 阅读分析下列程序,并回答题后的问题。

【代码】

```c
#include <stdio.h>
void main()
{
    char ch1,ch2,ch3;
    ch1=getchar();
    ch2=getchar();
    ch3=getchar();
    putchar(ch1);
```

```
    putchar(ch2);
    putchar(ch3);
}
```

① 从键盘上输入abcde↙,预测此程序的输出结果为:_____。

程序运行后的结果为:_____。

② 从键盘上输入a b c d e↙,预测此程序的输出结果为:_____。

程序运行后的结果为:_____。

【实训10】 根据下面的题意要求,编写程序并上机验证。

① 输入一个华氏温度,输出摄氏温度。公式为:C=5*(F-32)/9

要求输出有文字说明,并保留3位小数。

提示:通过输入语句输入华氏温度值,用公式求出摄氏温度值后输出。注意结果的正确性。

② 输入一个小写字母,输出对应的大写字母,分别使用格式输入输出和字符输入输出方法完成。

提示:小写字母的ASCII码减32就是大写字母的ASCII码。

单元2
课后习题

知识归纳图表

知识回顾
（绘制本单元知识关系图

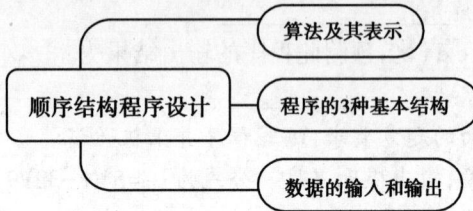

顺序结构程序设计
- 算法及其表示
- 程序的3种基本结构
- 数据的输入和输出

思考总结

单元3 选择结构程序设计

知识目标

① 掌握关系运算符、逻辑运算符、条件运算符的运用。

② 掌握 if 语句的3种选择结构及嵌套。

③ 掌握 switch 语句，了解 break 语句的功能。

能力目标

① 具有应用 if 语句编写程序的能力。

② 具有应用 switch 语句编写程序的能力。

③ 具有一定的需求分析能力。

素质目标

① 培养学生良好的编程习惯，具备计算机职业素养。

② 培养学生分析问题和解决问题的能力。

③ 培养学生积极向上的价值观。

学习计划表

项目		条件判断表达式	if语句的3种选择结构	switch语句
课前预习	预习时间			
	预习结果	1. 难易程度 ○偏易(即读即懂)　　○适中(需要思考) ○偏难(需查资料)　　○难(不明白) 2. 疑点问题		
课后复习	复习时间			
	复习结果	1. 掌握程度 ○了解　○熟悉　○掌握　○精通 2. 重点、难点归纳		

引导案例

无偿献血,传递温暖

案例描述

为进一步弘扬乐于奉献、传递爱心的优良传统,武汉城市职业学院组织教职工进行无偿献血活动。教职工们踊跃报名参加,自愿为社会奉献一份爱心,传递温暖。

献血需要满足一定的条件,必须严格按照相关规定执行。为了提高献血效率,请编写程序,根据输入条件,判断、输出献血者是否满足献血要求。

案例分析

根据相关规定,献血要求如下(假设献血者身体健康):

① 年龄:18~55周岁。

② 体重:男≥50 kg,女≥45 kg。

可以编写程序,从键盘输入年龄、性别(1代表男,2代表女)和体重,对输入数据按照要求设置判断条件,输出献血者是否满足献血要求。

案例实现

引导案例

3.1 条件判断表达式

【任务1】 输入一个学生成绩(0~100),判断其是否及格,及格输出,否则不输出。

【算法分析】

①键盘输入一个学生成绩,赋值给变量。

②使用关系运算符和逻辑运算符判断成绩是否在60~100,是,则输出"该学生成绩及格";否,则不输出。

【代码】

```
#include <stdio.h>
void main()
{
```

```
    float  cj;                    //定义变量cj,类型为浮点型。
    printf("请输入一个学生成绩(成绩范围为0~100):\n");
    scanf("%f",&cj);
    if(cj>=60&&cj<=100)           //使用关系和逻辑去处符进行判断
        printf("该学生成绩及格\n");
}
```

【知识点】

(1)关系运算符和关系表达式

在编写程序的过程中经常会需要比较两个数或多个数的大小关系,根据比较的结果来决定程序的下一步走向。在C语言中,比较两个或多个数大小的运算符称为关系运算符。

1)关系运算符及优先级

<	(小于)	
>	(大于)	
<=	(小于或等于)	优先级相同(6级)
>=	(大于或等于)	
==	(等于)	优先级相同(7级)
!=	(不等于)	

类型说明符 数组名[常量表达式]

① 优先级:

• 在上面6种关系运算符中,前4种优先级别相同,后2种优先级别相同。前4种优先级别高于后2种。

• 优先级别:算术运算符 > 关系运算符 > 赋值运算符。

② 关系运算符的值:

• 关系运算的值有两种:"真"和"假"。如果满足运算符的定义,则结果为"真",否则结果为"假"。在C语言编译系统给出关系运算值时,以1代表真,0代表假。

• 在对两个数值进行关系运算时,是比较两个数值的大小;在对两个字符进行关系运算时,是比较两个字符的ASCII码的大小;不可以直接比较两个字符串的大小。

③ 关系运算符的结合性:

关系运算符都是双目运算符,其结合性均为自左至右。

2)关系表达式

① 用关系运算符将两个表达式连接起来构成有意义的式子,称为关系表达式。

② 关系表达式的格式:

(表达式)关系运算符(表达式)

例如：a>b、s!=m、5>6、(a+2)>=(b-5)等都是合法的关系表达式。

注意：C语言中，关系表达式的判断结果是以1代表真，0代表假。但反过来在判断一个量是真还是假时，则以0代表假，非0的数值代表真。

【例3.1】 int a=3,b=5,c=2,求以下表达式的值：

① a>b　将a和b的值代入进去为3>5,不成立,结果为假,即0；

② a+c==b　算术运算符优先级别高于关系运算符,表达式可以改为(a+c)==b,将a,b和c的值代入进去为(3+2)==5,成立,结果为真,即1；

③ a>0!=c　将a和c的值代入进去为(3>0)!=2,成立,结果为真,即1；

④ a+b<0　将a和b的值代入进去为(3+5)<0,不成立,结果为假,即0。

（2）逻辑运算符和逻辑表达式

1）逻辑运算符

逻辑运算符的说明和结合性见表3-1。

表3-1　逻辑运算符

运算符	名称	说明	结合性
!	逻辑非	对单个表达式取反,即由真变假或由假变真	右结合
&&	逻辑与	两个表达式的值都为真,最终表达式的值为真;两个表达式的值有一个为假,最终表达式的值为假	左结合
||	逻辑或	两个表达式的值有一个为真时,最终表达式的值为真;两个表达的值都为假时,最终表达式的值为假	左结合

① 优先级：

• !>&&>||。

• !>算术运算符赋>关系运算符>&&>||>赋值运算符。

② 逻辑运算符的值：真值表见表3-2

表3-2　真值表

a	b	!a	!b	a&&b	a||b
真	真	假	假	真	真
真	假	假	真	假	真
假	真	真	假	假	真
假	假	真	真	假	假

逻辑运算的值也为真和假两种,分别用1和0来表示。

2）逻辑表达式

① 用逻辑运算符将表达式连接起来构成有意义的式子,称为逻辑表达式。

② 关系表达式的格式：

(表达式)逻辑运算符(表达式)

例如：a&&b、s‖m、!k、(a*b)‖c等都是合法的逻辑表达式。

【例3.2】 int a=1,b=4,c=0求以下表达式的值。

① a&&b   将a和b的值代入进去为1&&4，成立，结果为真，即1；

② a‖c   将a和c的值代入进去为1‖0，成立，结果为真，即1；

③ a&&b&&c 将a、b和c的值代入进去为1&&4&&0，不成立，结果为假，即0；

④ !a‖!b‖!c   将a、b和c的值代入进去为!1‖!4‖!0，成立，结果为真，即1。

注意：在C语言中，逻辑表达式具有一定的短路特性。逻辑表达式在求解时，并非所有的逻辑运算符都被执行，只在必须执行下一个逻辑运算符才能求出表达式的解时，才执行该运算符。

例如：

a&&b&&c 只有在a的值为真时，才判断b的值，只有在a和b的值都为真时，才判断c的值。

a‖b‖c 只有在a的值为假时，才判断b的值，只有在a和b的值都为假时，才判断c的值。

3.2 if语句的3种选择结构

【任务2】 从键盘输入一个数，如果是正数则输出，否则不输出。

【算法分析】

① 键盘输入一个数值赋值给变量；

② 使用关系表达式判断该数是否大于0，如果大于0，则该数是正数，输出；否则不输出。

【代码】

```c
#include <stdio.h>
void main()
{
    int a;                      //定义变量a，类型为整型。
    printf("请输入一个整数:\n");
    scanf("%d",&a);
    if(a>0)                     //使用关系表达式进行判断，"a>0"是判断条件
    printf("%d是一个正数:",a);
}
```

【知识点】

（1）if语句（单分支语句）格式

if(表达式)

　　语句;

注意：

① 该语句也可写在一行；

② if(表达式)不是单独的语句，后面不能加分号。

（2）if语句功能

判断if括号里表达式的值，如果表达式的值为真，则执行其后的语句，否则不执行语句。if语句（单分支）N-S图如图3-1所示。

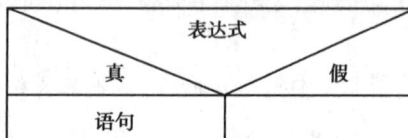

图3-1　if语句（单分支）N-S图

【例3.3】　键盘输入2个整数，比较其大小，输出大的数据值。

```c
#include <stdio.h>
void main()
{
    int  a,b;
    printf("请输入两个整数:\n");
    scanf("%d %d",&a,&b);
    if(a>b)
        printf("两者的大者为%d\n",a);
    if(a<b)
        printf("两者的大者为%d\n",b);
}
```

程序运行结果如图3-2所示。

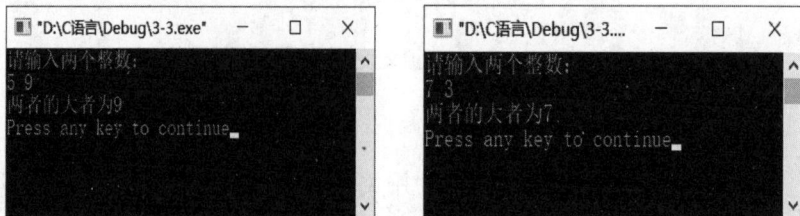

图3-2　例3.3程序运行结果

【任务3】 从键盘输入一个数,判断其奇偶性。

【算法分析】

① 从键盘输入一个数赋值给一个变量;

② 用if语句和关系表达式进行条件判断(判断条件:该数能被2整除就是偶数,否则是奇数);

③ 根据判断条件输出其是偶数还是奇数。

【代码】

```c
#include <stdio.h>
void main()
{
    int  a;                             //定义变量a,类型为整型。
    printf("请输入一个整数:\n");
    scanf("%d",&a);
    if(a%2==0)                          //"a%2==0"是判断条件
    printf("%d是一个偶数:\n",a);
    else
    printf("%d是一个奇数:\n",a);
}
```

【知识点】

(1) if-else语句(双分支语句)格式

if(表达式)

　　语句1;

else

　　语句2;

(2) if-else语句功能

判断if括号里表达式的值,如果表达式的值为真,则执行其后的语句1,否则执行语句2。if-else语句(双分支)N-S图如图3-3所示。

表达式	
真　　　　　　　　　　假	
语句1	语句2

图3-3 if-else语句(双分支)N-S图

【例3.4】 输入一个年份,判断其是否为闰年。

判断某一年是否闰年的条件为:能被4整除并且不能被100整除,或者能被400整除的年份是闰年。

```
#include <stdio.h>
void main()
{
    int year;
    printf("请输入年份:");
    scanf("%d",&year);
    if((year%4==0&&year%100!=0)||year%400==0)
    printf("%d是闰年\n",year);
    else
    printf("%d不是闰年\n",year);
}
```

程序运行结果如图3-4所示。

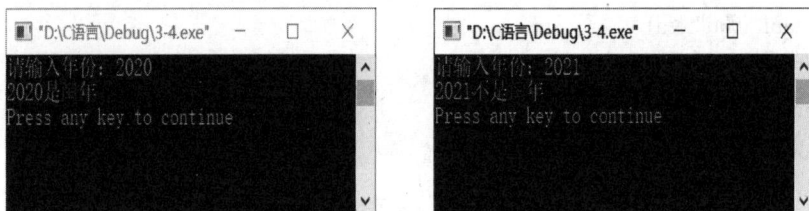

图3-4 例3.4程序运行结果

【任务4】 从键盘输入2个数,判断两者之间的关系。

【算法分析】

① 键盘输入2个数分别赋值给2个变量;
② 使用关系表达式判断两个数的大小,根据判断结果输出两者的关系。

【代码】

```
#include <stdio.h>
void main()
{   int a,b;                //定义变量a和b,类型为整型。
    printf("请输入两个整数:\n");
    scanf("%d%d",&a,&b);
    if(a>b)                 //使用关系表达式进行判断,"a>b"是判断条件
        printf("a>b");
    else if(a<b)
```

```
        printf("a<b");
    else
        printf("a=b");
}
```

【知识点】

（1）if-else-if(多分支语句)格式

```
If(表达式1)
    语句1;
else if(表达式2)
    语句2;
else if(表达式3)
    语句3;
    ……
else if(表达式n)
    语句n;
else  语句n+1;
```

（2）if-else-if语句功能

判断表达式的值,当出现某个值为真时,则执行其对应的语句,然后跳转到整个if语句之外,继续执行程序。如果所有表达式的值都为假时,则执行语句n+1,然后继续执行整个if语句之外的后续程序。if-else-if语句(多分支)N-S图如图3-5所示。

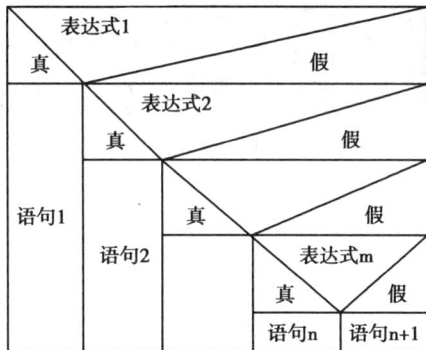

图3-5 if-else-if语句(多分支)N-S图

注意:当出现多个if和多个else重叠的情况,要特别注意if和else的配对问题。为了避免二义性,C语言规定,else总是与它前面离它最近的未被配对的if配对;也可以将内层if语句用{}括起来,增加层次感,避免二义性。

【例3.5】 西瓜售价规定,质量低于1.5 kg的3元/kg,质量大于等于1.5 kg不足10 kg的2元/kg,质量大于10 kg(含10 kg)的1元/kg。编程由键盘输入一个质量,输出该西瓜的价格。

```c
#include <stdio.h>
void main()
{
    float  kg,jg;
    printf("请输入西瓜质量:");
    scanf("%f",&kg);
    if(kg<1.5)
        jg=3*kg;
    else if(kg>=1.5&&kg<10)
        jg=2*kg;
    else
        jg=1*kg;
    printf("该质量西瓜的售价为%.1f\n",jg);
}
```

程序运行结果如图3-6所示。

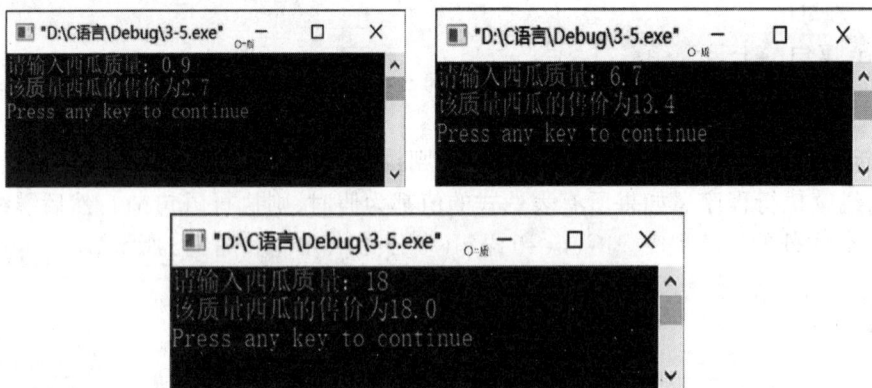

图3-6 例3.5程序运行结果

【知识扩展】

条件运算符和条件表达式格式

（1）条件运算符

① 条件运算符为"?:"，它是一个三目运算符。

② 条件运算符的优先级低于关系运算符和算术运算符，但高于赋值运算符。

③ 条件运算符的结合性是自右至左。

（2）条件表达式

① 条件表达式为:表达式1 ? 表达式2:表达式3

② 功能为:判断表达式1的值,如果为真,整个表达式的值为表达式2的值;如果为假,整个表达式的值为表达式3的值。

例如:假设键盘输入2个值分别赋值给整型变量a和b,将a和b两个数的小值赋值给变量min,判断条件可以使用条件表达式来完成。

min=(a<b)?a:b

3.3　switch 语句

【任务5】　键盘输入一个学生成绩,若是合法成绩,则输出相应的等级,否则提示为不合法成绩。

【算法分析】

① 键盘输入一个数赋值给变量;
② 使用switch语句进行判断,根据判断结果输出对应的等级关系。
③ 合理使用break语句,得到正确的结果。

【代码】

```
#include  <stdio.h>
void main()
{
    int  cj;              //定义变量cj,类型为整型。
    printf("请输入0-100之间的一个成绩:\n");
    scanf("%d",&cj);
    switch(cj/10)         //使用关系表达式进行判断,"a>b"是判断条件
    {
        case 10:
        case 9:  printf("该成绩对应的等级为 A");break;
        case 8:  printf("该成绩对应的等级为 B");break;
        case 7:  printf("该成绩对应的等级为 C");break;
        case 6:  printf("该成绩对应的等级为 D");break;
        case 5:
        case 4:
        case 3:
        case 2:
        case 1:
        case 0:  printf("该成绩对应的等级为 E");break;
```

```
        default: printf("输入的成绩有误！无法判断！");
    }
}
```

【知识点】

（1）switch语句格式

switch语句是C语言提供的另外一种用于多分支选择的语句。

```
switch(表达式)
{
    case  常量表达式1: 语句组1; break;
    case  常量表达式2: 语句组2; break;
    case  常量表达式3: 语句组3; break;
    ……
    case  常量表达式n: 语句组n; break;
    default: 语句组n+1;
}
```

（2）switch语句功能

计算表达式的值,将其逐个与其后的常量表达式值相比较,当表达式的值与某个常量表达式的值相同时,执行其常量表达式后面的语句组,然后不再继续判断,直接跳出switch语句后续语句,如果表达式的值与所有case后的常量表达式均不相同,则执行 default 后的语句,再跳出switch语句后续语句。

注意:

① switch后面的表达式可以是整型、字符型和枚举型中的一种。

② case后的常量表达式的值必须互不相同,否则会出现矛盾的现象。

③ 每一个语句组后必须要加break语句。如果没有break语句,则表达式的值与常量表达式的某一个值相等,系统在执行其后的语句组后,不再判断,继续执行后面所有case后的语句。

【例3.6】 编写程序,根据输入的数字,输出对应的星期及英语单词。

输入	输出
1	星期一monday!
2	星期二tuesday!
3	星期三wednesday!
4	星期四thursday!
5	星期五friday!

续表

输入	输出
6	星期六 saturday!
7	星期日 sunday!
其他	输入错误 error!

```
#include "stdio.h"
void main()
{
    int  number;   //定义变量number,类型为整型
    printf("请输入一个整数:");
    scanf("%d",&number);
    switch(number)
    {
        case 1:printf("星期一 monday!\n");break;
        case 2:printf("星期二 tuesday!\n");break;
        case 3:printf("星期三 wednesday!\n");break;
        case 4:printf("星期四 thursday!\n");break;
        case 5:printf("星期五 friday!\n");break;
        case 6:printf("星期六 saturday!\n");break;
        case 7:printf("星期日 sunday!\n");break;
        default:printf("输入错误 error!\n");
    }
}
```

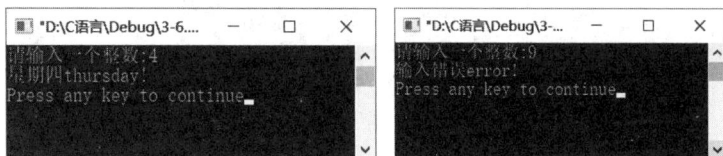

图3-7 例3.6程序运行结果

（3）break语句功能

在switch语句中,C语言提供一种break语句,用于跳出switch语句,以免出现与例3.6类似的错误。

break语句没有参数,除了运用于switch语句中,还可以用于循环结构(具体参见单元4的循环结构)。

3.4 选择结构程序举例

【例3.7】 求一元二次方程$ax^2+bx+c=0$的实根或输出没有实根的提示信息(设a!=0)。

```
#include<math.h>
#include<stdio.h>
void main()
{   int a,b,c;
    double d,x1,x2;
    printf("请输入a,b,c: ");
    scanf("%d,%d,%d",&a,&b,&c);
    d=b*b-4*a*c;
    if(d<0)
        printf("方程没有实根！\n");
    else                            //两个实根
        {
            x1=(-b+sqrt(d))/(2*a);
            x2=(-b-sqrt(d))/(2*a);
            printf("两个实根:x1=%f,x2=%f\n",x1,x2);
        }
}
```

程序运行结果如图3-8所示。

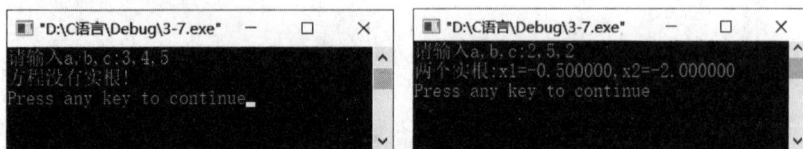

图3-8 例3.7程序运行结果

【例3.8】 输入一个数值,判断其是否为3的倍数,如果是则输出该数的平方,否则输出该数的立方。

```
#include<stdio.h>
void main()
{
    int x;
    printf("请输入一个整数:");
    scanf("%d",&x);
    if(x%3==0)
        printf("该数是3的倍数,输出其平方值为:%d\n",x*x);
```

```
    else
        printf("该数不是3的倍数,输出其立方值为:%d\n ",x*x*x);
}
```
程序运行结果如图3-9所示。

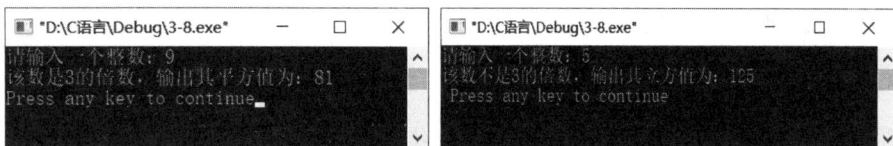

图3-9 例3.8程序运行结果

【例3.9】 输入一个三位数,判断其是否为水仙花数。

水仙花数条件:一个三位数,它的各位数字立方之和等于它本身,这个数就是水仙花数。

```
#include<stdio.h>
void main()
{
    int a,b,c,x;
    printf("请输入一个三位数:");
    scanf("%d",&x);
    a=x/100;
    b=x/10%10;
    c=x%10;
    if(a*a*a+b*b*b+c*c*c==x)
        printf("%d是水仙花数\n",x);
    else
        printf("%d不是水仙花数\n ",x);
}
```
程序运行结果如图3-10所示。

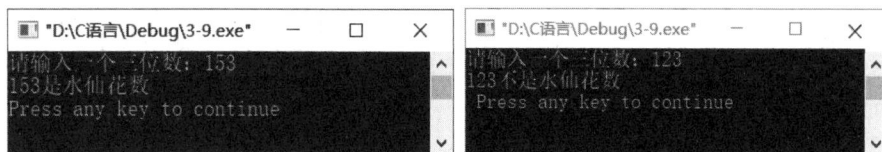

图3-10 例3.9程序运行结果

【例3.10】 编写简单算术运算程序。用户输入两个整数及一个四则运算符,输出计算结果。

```
#include<stdio.h>
void main()
{   float a,b;
```

```
char c;
printf("input expression: a(+,-,*,/)b \n");
scanf("%f%c%f",&a,&c,&b);
switch(c)
{    case '+': printf("%f\n",a+b);break;
     case '-': printf("%f\n",a-b);break;
     case '*': printf("%f\n",a*b);break;
     case '/': printf("%f\n",a/b);break;
     default: printf("input error\n");
}
}
```

程序运行结果如图3-11所示。

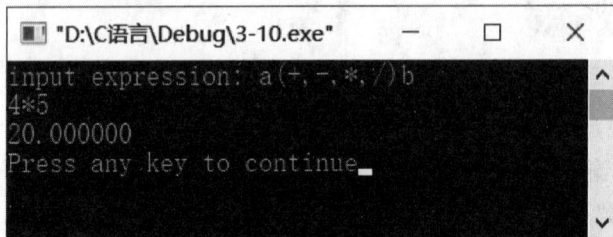

图3-11　例3.10程序运行结果

技能实训

【实训1】　阅读下列程序,写出分别输入8,5和9,12的运行结果,并说明该程序的功能。

源程序	运行结果及功能
| ```
#include<stdio.h>
void main()
{
    int a,b;
    printf("Input: ");
    scanf("%d,%d",&a,&b);
    if(a>b)
        printf("a>b\n");
    else if(a<b)
        printf("a<b\n");
    else
        printf("a=b\n");
}
``` | |
```

【实训2】 阅读分析下列程序,并回答题后的问题。

【代码】

```
#include<stdio.h>
void main()
{
    int k=1;
    switch (k)
    {
        case 1:printf("%d",k++);
        case 2:printf("%d",k++);
        case 3:printf("%d",k++);
        case 4:printf("%d",k++);break;
        default:printf("Full!\n");
    }
}
```

① 此程序能否正确编译:_____。

② 预测此程序的输出结果为:_____。

③ 程序运行后的结果为:_____。

【实训3】 键盘输入2个数,如果2个数均大于零,则输出2个数的倒数之和,否则输出提示语"输入错误!",根据错误提示修改程序,找出程序的错误所在,记录下来并分析改正。

源程序	修改后程序

`#include <stdio.h>`
`void main()`
`{`
`    int m,n`
`    int s;`
`    printf("请输入m和n的值:");`
`    if(a>=0||b>=0)`
`        {s=1/m+1/n`
`        printf("倒数之为%f\n",s);`
`        }`
`    else`
`        printf("输入错误! \n");`
`}`	

错误提示	**原因分析**

【实训4】 阅读分析下列程序,并回答题后的问题。
【代码】
```
#include<stdio.h>
void main()
{
    char ch;
    scanf("%c",&ch);
    switch(ch)
    {
        case 'm':printf("Good morning!\n");
        case 'n':printf("Good night!\n");
        default:printf("I can not understand!\n"); break;
    }
}
```
① 如果键盘输入"m",则预测结果为:＿＿＿＿＿＿＿＿＿。
② 该程序运行的结果为:＿＿＿＿＿＿＿＿＿＿。
③ 该程序的功能是:＿＿＿＿＿＿＿＿＿＿。
④ 该程序应如何完善:＿＿＿＿＿＿＿＿＿。

【实训5】 以下程序的功能是输出2个数的最小值,请完成源程序中空白部分并上机运行,写出运行结果。

源程序	运行结果
```#include<stdio.h> void main() { int a,b,min; printf("请输入2个数:"); ＿＿＿＿＿＿＿； if(a>b) ＿＿＿＿＿＿； else ＿＿＿＿＿； printf("%d,%d中最小的数为%d\n", ＿＿＿); }```	

【实训6】 有一方程ax+b=0;阅读、分析下列程序并回答题后的问题。
【代码】
```
#include<stdio.h>
void main()
{
    float a,b,x;
```

单元4 循环结构程序设计

知识目标

① 掌握循环结构的概念和程序设计中构成循环的方法。

② 掌握while语句和do…while语句实现循环的方法。

③ 掌握for语句实现循环的方法。

④ 掌握用break语句与continue语句改变循环状态。

能力目标

① 具有应用循环结构解决实际问题的能力。

② 具有应用循环语句进行程序设计的能力。

素质目标

① 培养学生热爱科学、严谨求实的科学态度和思维方式。

② 培养学生建立结构化编程的思想,让编程设计与生活建立联系。

③ 培养学生对中国传统文化的热爱之情,增强民族自豪感。

学习计划表

项目		while与do…while循环结构	for循环结构	跳出循环语句
课前预习	预习时间			
	预习结果	1. 难易程度 ○偏易(即读即懂)　　○适中(需要思考) ○偏难(需查资料)　　○难(不明白) 2. 疑点问题		
课后复习	复习时间			
	复习结果	1.掌握程度 ○了解　○熟悉　○掌握　○精通 2.重点、难点归纳		

引导案例

《张丘建算经》中的百鸡百钱问题

案例描述

中国,以华夏文明为源泉、中华文化为基础,是世界上历史最悠久的国家之一。数学是中国古代科学中的一门重要学科,其发展源远流长,成就辉煌。《张丘建算经》是中国古代数学著作(约公元5世纪),比较突出的成就有最大公约数与最小公倍数的计算,各种等差数列问题的解决、某些不定方程问题求解等。

"百鸡百钱问题"是《张丘建算经》中的一个著名数学问题,它给出了由3个未知量的2个方程组成的不定方程组的解。百鸡问题是:今有鸡翁一,值钱五;鸡母一,值钱三;鸡雏三,值钱一。凡百钱买鸡百只,问鸡翁母雏各几何。其重要之处在于开创"一问多答"的先例。

原书没有给出解法,只说如果少买7只母鸡,就可多买4只公鸡和3只小鸡。所以只要得出一组答案,就可以推出其余两组答案。到了清代,研究百鸡术的人渐多,1815年骆腾风使用大衍求一术解决了百鸡问题。1874年丁取忠创造了一个简易的算术解法。在此前后时曰醇(约1870年)推广了百鸡问题,著《百鸡术衍》一书,从此百鸡问题和百鸡术广为人知。百鸡问题还有多种表达形式,如百僧吃百馒,百钱买百禽等。宋代杨辉算书内有类似问题,中古时近东各国也有相仿问题流传。例如印度算书和阿拉伯学者艾布·卡米勒的著作内都有百钱买百禽的问题,且与《张丘建算经》的题目几乎完全相同。

案例分析

设鸡翁、鸡母、鸡雏的个数分别为x、y、z,题意给定共100钱要买百鸡,若全买公鸡最多买20只,显然x的值为0~20;同理,y的取值范围为0~33,可得到下面的不定方程组:

$$5x+3y+z/3=100$$
$$x+y+z=100$$

所以此问题可归结为求这个不定方程组的整数解。

由程序设计实现不定方程的求解与手工计算不同。在分析确定方程中未知数变化范围的前提下,可通过对未知数可变范围的穷举,验证方程在什么情况下成立,从而得到相应的解。

可以看出复杂的数学问题用C语言程序可以得以解决。

案例实现

引导案例

4.1　while 与 do…while 循环结构

【任务1】　编写程序计算 1+2+3+…+100。

【算法分析】

①定义变量 i 为被加数,定义变量 sum 用来存放累加值,sum 初始化值为0,被加数 i 第一次取值为1,开始进入循环结构。

②判断"i<=100"条件是否满足,由于 i 的值为1小于100,因此"i<=100"的值为真,所以执行循环体内的语句 sum=sum+i,然后 i 的值增加1变成2,为下一次加2做准备。

③再次检查"i<=100"条件是否满足,由于 i 的值为2小于100,因此"i<=100"的值为真,仍然执行循环体内的语句 sum=sum+i 后 sum 的值变为3。然后 i 的值增加1变成3,为下一次加3做准备。

④再次检查"i<=100"条件是否满足……如此反复执行循环体内的操作,直到 i 的值变成100,把 i 加到 sum 中,sum 中的值就是 1+2+3+…100 的值,然后 i 又加1变成101,"i<=100"的值为假,不再执行循环体内的操作,循环结构结束。

【代码】

```
#include <stdio.h>
void main()
{
    int i,sum=0;            //定义循环变量 i 和存放累加值变量 sum
    i=1;
    while(i<=100)           //使用循环语句
    {
        sum=sum+i;
        i++;
    }
    printf("%d\n",sum);
}
```

【知识点】

（1）while 语句一般格式

```
while   (表达式)
{
    循环体
}
```

其中的表达式称为循环条件,循环体由一条或多条语句组成。可以读作"当(循环)条件成立时,执行循环体"。

（2）while语句执行过程

①计算while后面的表达式,当表达式为非0值（代表逻辑值真）时,则转向②;否则退出该循环结构,去执行该结构的后续语句。

②执行循环体,循环体执行完毕重复进行①。

（3）使用while语句的注意事项

①while语句中的表达式通常是逻辑表达式或关系表达式,但也可以是其他表达式,如赋值表达式等,甚至也可以是一个变量或是一个常量,只要表达式的值为真,即可继续循环。如下例中while表达式为算数表达式:

```
int  n=5;
while(n--)
    printf("%d ",n);
```

②循环体可以由一条或多条语句组成,如果包含一个以上的语句,应该用花括号括起来,以复合语句形式出现。

③循环体中应有使循环趋于结束的语句。如任务1中循环结束的条件是"i>100",因此在循环体中应该有使i增值以最终导致i>100的语句,本例中用的是"i++;"语句来达到此目的,如果无此语句,则i的值始终不改变,循环永不结束。

【例4.1】 使用while语句编程计算10!。

【算法分析】

10!,即1×2×3×4×5×6×7×8×9×10。这里定义两个变量i和product。其中i是循环变量,既用来表示每次乘的数值,又用来控制循环次数;product用来存放连乘的值,它们的初值都为1,放在循环的外面。

【代码】

```
#include <stdio.h>
void  main( )
{
    int i=1, product=1;
    while(i<=10)
        {
            product=product*i;
            i++;
        }
```

```
    printf("%d\n",product);
}
```

程序运行结果如图4-1所示。

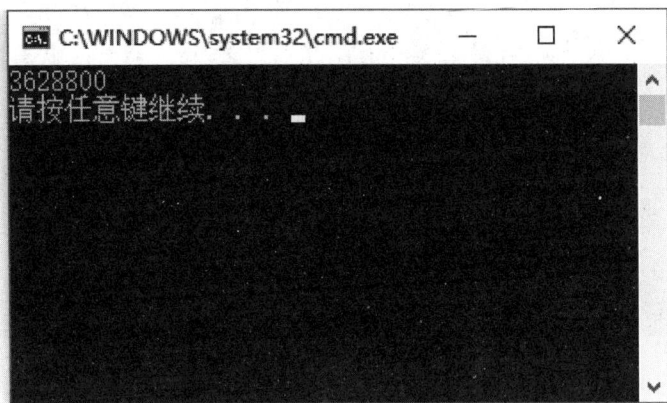

图4-1　例4.1程序运行结果

【例4.2】　某厂今年产值为100万元，假定该厂的产值每年增长10%，问几年后产值可以翻一番？

【算法分析】

产值翻一番即为年产值200万元，现在产值用变量 sum 存储，则一年后的产值为：sum=sum*(1+10/100)，计算的结果小于200万元，再计算两年后的产值……直到产值超过200万为止。

【代码】

```c
#include <stdio.h>
void main()
{
    int year=0,sum=100;        //定义所需变量并赋值
    while (sum<200)
       {
            sum=sum*(1+10.0/100);
            year=year+1;
       }
    printf("%d\n",year);    //输出计算得出的年份
}
```

程序运行结果如图4-2所示。

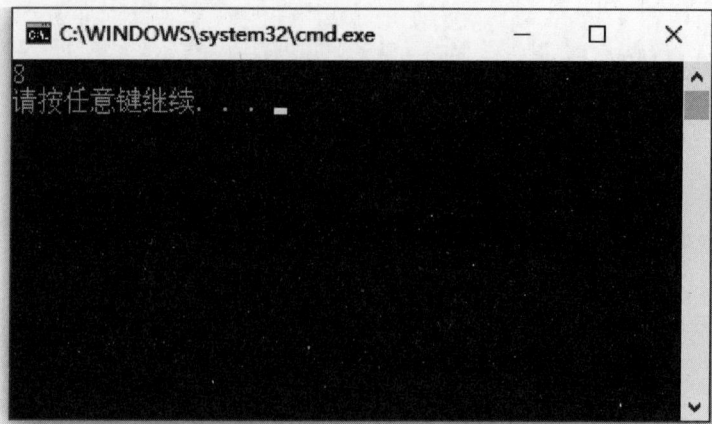

图4-2　例4.2程序运行结果

【任务2】　利用do…while语句计算$1 + \frac{1}{2} + \frac{1}{3} + \frac{1}{4} + \cdots + \frac{1}{50}$。

【算法分析】

① 定义整型变量n为被加数分数的分母,定义浮点型变量sum用来存放累加值,sum初始化值为1.0,被加分数n第一次取值为2。

② 先执行循环体内的语句sum=sum+1.0/n,然后n的值增加1变成3,为下一次加$\frac{1}{3}$做准备。

③ 判断"n<=50"条件是否满足,由于n小于50,因此"n<=50"的值为真,仍然执行循环体内的语句,直到循环变量n的取值为50,sum中存放的值为$1 + \frac{1}{2} + \frac{1}{3} + \frac{1}{4} + \cdots + \frac{1}{50}$,然后n的值加1变成51,判断"n<=50"条件为假,则循环结束。

④ 最后输出sum的值即为计算结果。

【代码】

```c
#include <stdio.h>
void main()
{
    float sum=1.0;
    int n=2;
    do
        {
            sum=sum+1.0/n;
```

```
            n=n+1;
        }
    while(n<=50);
        printf("%f\n",sum);
}
```

【知识点】

（1）while语句一般格式

```
do
{
    循环体
}while （表达式）；
```

（2）while语句执行过程

① 先执行一次循环体,再计算while后面的表达式,当表达式为非0值(代表逻辑值真)时,重复执行循环体,直到表达式的值为逻辑假时,退出循环结构。

② do…while循环至少要执行一次循环语句。

（3）while循环和do…while循环比较

while和do…while结构都为当型循环结构,都是当条件成立时执行循环体,凡是能用while循环处理的问题,都能用do…while循环处理。

不同的是,while为先判断,循环体执行次数大于或等于0;而do…while为先执行再判断,循环体执行次数大于或等于1。

1)while循环

```
#include <stdio.h>
void main()
{
    int sum=0;
    int i;
    printf("请输入数字i:");
    scanf("%d",&i);
    while(i<=10)
        { sum=sum+i;
          i++;
        }
    printf("sum=%d\n",sum);
}
```

运行情况如下：

当键盘输入数字 i 的值为 1 时，sum 求和为 55，如图 4-3 所示。当键盘输入数字 i 的值为 11 时，sum 求和为 0，不执行循环体，如图 4-4 所示。

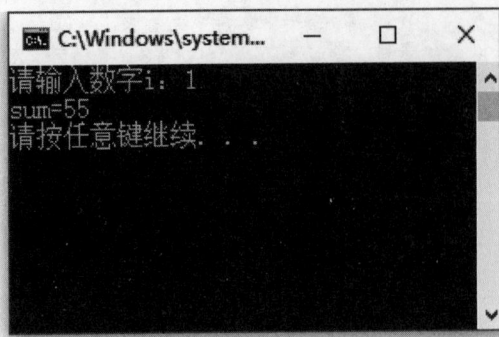

图 4-3　while 语句输入值为 1 运行结果　　图 4-4　while 语句输入值为 11 运行结果

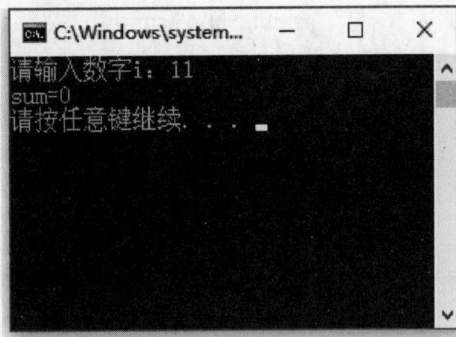

2）do…while 循环

```c
#include <stdio.h>
void main()
{
    int sum=0;
    int i;
    printf("请输入数字i:");
    scanf("%d",&i);
    do
        { sum=sum+i;
          i++;
        } while(i<=10);
    printf("sum=%d\n",sum);
}
```

运行结果如下：

当键盘输入数字 i 的值为 1 时，sum 求和为 55，如图 4-5 所示。当键盘输入数字 i 的值为 11 时，sum 求和为 11，执行一次循环体，如图 4-6 所示。可以看出：当输入 i 的值小于或等于 10 时，二者得到的结果相同，而当 i>10 时，二者的结果就不同了。这是因为此时对 while 循环来说一次都不执行循环体，而对 do…while 循环来说则要执行一次循环体。可以得到结论：当二者在具有相同的循环体的情况下，如果 while 后面表达式的第一次值为"真"，那么两种循环得到的结果相同；否则，二者结果不相同。

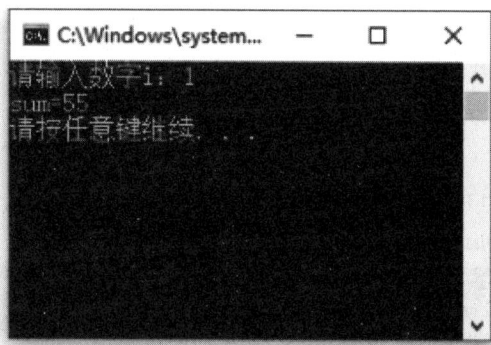

图4-5　do…while语句输入值为1运行结果

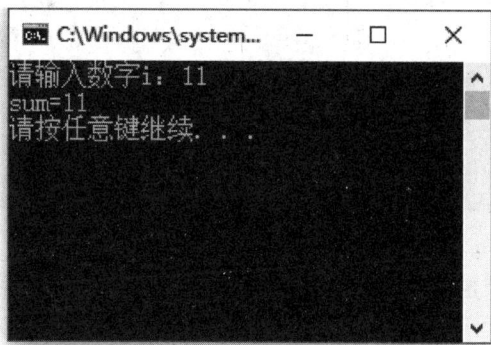

图4-6　do…while语句输入值为11运行结果

【例4.3】　从键盘输入一个正整数n，计算该数的各位数之和并输出。例如，输入数2657，则计算2+6+5+7=20并输出。

【算法分析】

求输入正整数各位数字之和，首先需要求出各位上的数字。先用n对10取余，得出个位上的数字，如2657%10=7；然后用n对10求商，使n缩小一位，求高一位上面的数字，再赋值给n；最后求得每一位上的数字。

【代码】

```
#include <stdio.h>
void main()
{
    int n,s=0;
    printf("请输入一个正整数：");
    scanf("%d",&n);
    do{
```

```
        s=s+n%10;
        n=n/10;
    } while(n>0);
    printf("各位数之和是:%d\n",s);
}
```

程序运行结果如图4-7所示。

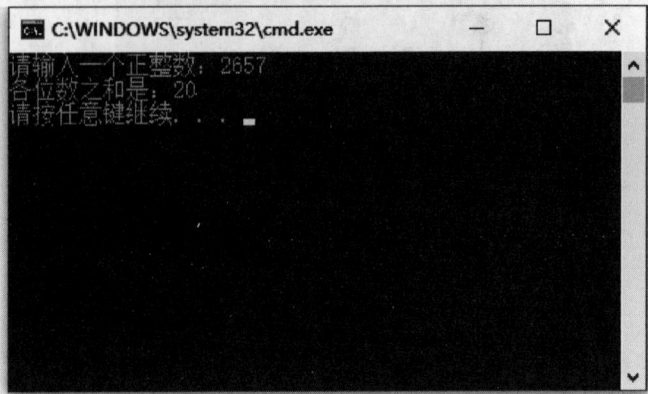

图4-7　例4.3程序运行结果

【例4.4】　编程获取用户输入的5个整数,然后输出5个整数中最小的整数。

【代码】

```
#include <stdio.h>
void main()
{
    int num1,num2;
    int i=1;
    scanf("%d",&num1);
    do
    {
        scanf("%d",&num2);
        if(num1>num2)
            num1=num2;
        i++;
    }while (i<=4);
    printf("最小的数是:%d\n\n",num1);
}
```

程序运行结果如图4-8所示。

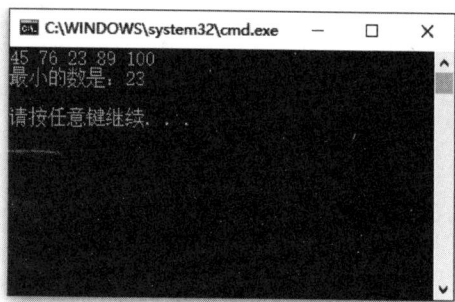

图4-8　例4.4程序运行结果

4.2　for循环结构

【任务3】　编写程序,用for语句计算n!,即1×2×3…×n。

【算法分析】

① 定义变量i为循环变量,定义变量p用来存放阶乘值,p初始化值为1,输入数字n。

② 对循环变量i赋初值,判断i是否小于或等于n,如果值为真则执行p=p*i,然后对变量i自增1,即把1到n逐个地乘到变量p中,一共执行n次循环,每次乘一个数i,i由1增加到n。

③ 如果判断i小于或等于n的值为假,则循环结束,执行for语句下面的一条语句,输出n的阶乘值。

【代码】

```c
#include  <stdio.h>
void main()
{
    int  i,n,p=1;              //定义循环变量i和存放阶乘值变量p
    printf("请输入数字n:");
    scanf("%d",&n);
    for(i=1;i<=n;i++)          //使用循环语句
    {
        p=p*i;
    }
    printf("%d的阶乘=%d\n",n,p);
}
```

【知识点】

（1）for语句一般格式

for语句一般写成：

for　(表达式1;表达式2;表达式3) 循环体

或写成：

for　(表达式1;表达式2;表达式3)

{循环体}

（2）for语句执行过程

① 计算表达式1。

② 计算表达式2，若其值为非0(循环条件成立)，则转到第③步执行循环体；若其值为0(循环条件不成立)，则转到第⑤步结束循环。

③ 执行循环体。

④ 计算表达式3，然后转到第②步。

⑤ 结束循环，执行for循环结构的后续语句。

（3）for语句应用形式

① for语句最简单的应用形式也就是最容易理解的应用形式如下：

for(循环变量赋初值;循环控制条件;循环变量增量)

{循环体}

循环变量赋初值总是一个赋值语句,它用来给循环控制变量赋初值;循环控制条件是一个关系表达式,它决定什么时候退出循环;循环变量增量,定义循环控制变量每循环一次后按什么方式变化。这3个部分之间用分号隔开。

② for语句的一般形式也可以改写为while循环的形式,二者等价。如：

表达式1；

while(表达式2)

{

　　语句；

　　表达式3；

}

（4）for语句使用的注意事项

① for循环中的"表达式1(循环变量赋初值)""表达式2(循环控制条件)"和"表达式3(循环变量增量)"都是选择项,即可以缺省,但分号";"不能缺省。省略了"表达式1(循环变量赋初值)",表示不对循环控制变量赋初值。

② 省略了"表达式2(循环控制条件)",则不做其他处理时便成为死循环。例如：

for(i=1; ; i++) sum=sum+i;

相当于：

i=1;

while(1){

    sum=sum+i;

    i++;

}

③ 省略了"表达式3(循环变量增量)"，则不对循环控制变量进行操作，这时可在语句体中加入修改循环控制变量的语句。例如：

for(i=1; i<=100 ;){

    sum=sum+i;

    i++;

}

④ 省略了"表达式1(循环变量赋初值)"和"表达式3(循环变量增量)"。例如：

for(; i<=100 ;){

    sum=sum+i;

    i++;

}

相当于：

while(i<=100){

    sum=sum+i;

    i++;

}

⑤ 3个表达式都可以省略。例如：

for(; ;) 语句

相当于：

while(1) 语句

⑥ 表达式1可以是设置循环变量的初值的赋值表达式，也可以是其他表达式。例如：

for(sum=0; i<=100; i++) sum=sum+i;

⑦ 表达式2一般是关系表达式或逻辑表达式，但也可是数值表达式或字符表达式，只要其值非0，就执行循环体。例如：

for(i=0; (c=getchar())!='\n'; i+=c);

在表达式2中先从终端接收一个字符赋给c，然后判断此赋值表达式的值是否不等于'\n'(换行符)，如果不等于'\n'，就执行循环体，它的作用是不断输入字符，将它们的ASCII码相加，直到输入一个"换行"符为止。

C语言中的for语句使用非常广泛，而且很灵活，技巧很多，可以把循环体和一些与循环控制无关的操作也作为表达式1或表达式3，这样程序更短小简洁。本小节较全面具体地介绍了for语句的特点和用法,让读者在以后遇到各种情况时都能做到心中有数,应对自如。

【例4.5】 计算1—100中所有的偶数之和。

【代码】

```
#include <stdio.h>
void main()
{
    int i,sum=0;
    for(i=2;i<=100;i=i+2)
    {
        sum=sum+i;
    }
    printf("sum=%d\n",sum);
}
```

程序运行结果如图4-9所示。

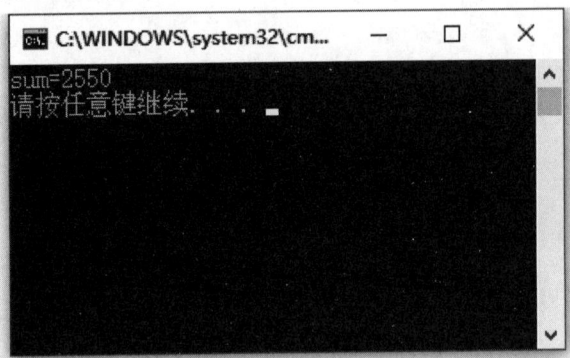

图4-9 例4.5程序运行结果

【例4.6】 程序实现的功能是输出一行星号"*",星号的个数来源于用户的输入。

【代码】

```
#include <stdio.h>
void main()
{
    int i,n;
    printf("请输入一个整数:");
    scanf("%d",&n);
    for(i=1;i<=n;i++)
```

```
printf("*");
printf("\n");
}
```

程序运行结果如图4-10所示。

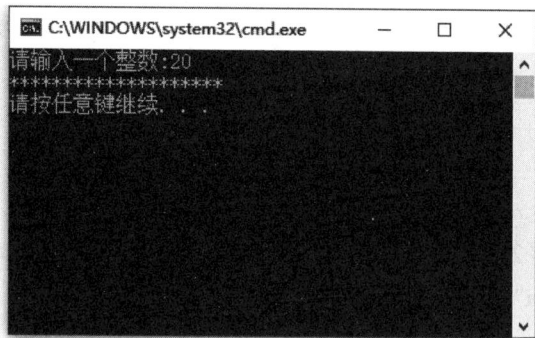

图4-10 例4.6程序运行结果

【任务4】 请用程序实现打印出乘法九九表。

【算法分析】

①乘法九九表是一个9行9列的二维表,行和列都要变化,而且在变化中互相约束,定义变量i用来控制行,j用来控制列。

②循环变量i赋初值为1,循环变量j取值从1开始,判断条件j是否小于或等于i,其值为真则执行循环体内语句,打印第一行第一列的数字"1*1=1",然后对变量j自增1。

③继续判断条件j是否小于或等于i,此时j的值为2,"j<=i"值为假,则退出j循环,执行循环下一个语句,打印一个回车符,对变量i自增1。

④接着判断条件i是否小于或等于10,此时i的值为2,"i<10"值为真,继续进入j循环,循环变量j取值从1开始,依次打印第2行第1列数字、第2行第2列的数字,打印以后退出j循环,依次类推,直到打印完第9行第9列,i取值为10时则退出i循环,乘法九九表打印完毕。运行结果如图4-11所示。

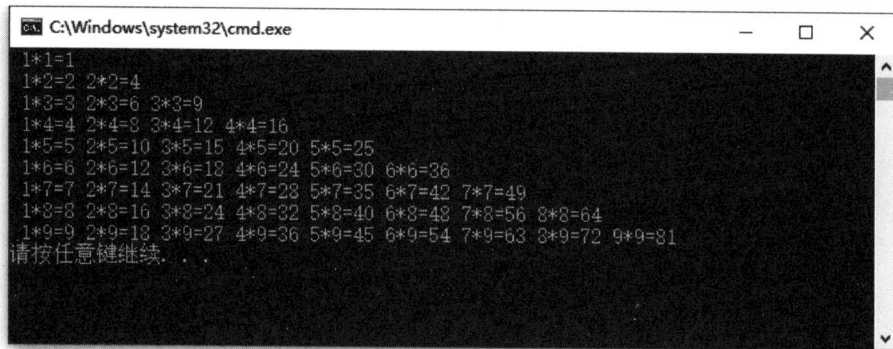

图4-11 乘法九九表程序运行结果

【代码】

```
#include <stdio.h>
void main()
{
    int  i,j;
    for(i=1;i<10;i++)            //使用变量i控制行数
    {
        for(j=1;j<=i;j++)           //使用变量j控制行数
        printf("%2d*%d=%d",j,i,i*j);   //打印输出,先输出列数数字j,再输出行数数字i
        printf("\n");
    }
}
```

【知识点】

（1）循环的嵌套

一个循环结构的循环体内又包含另一个完整的循环结构,称为循环的嵌套。把包含另一个循环结构的循环称为外循环,被包含的循环称为内循环。

（2）循环嵌套的执行过程

外循环执行一次,内循环执行一遍。

（3）循环嵌套的形式

3种循环结构（while、do…while 和 for）可以互相嵌套,自由组合。外循环体中可以包含一个或多个循环结构,但必须完整包含,不能交叉,因此每一层循环体都应该用一对花括号括起来。例如:

① while( )
{…
　while()
　　{…}
}
	② do
	{ …
	　do{…}
	　while();
	}while();
		③ for(; ;)
		{
		　for(; ;)
		　　{…}
		}

④ while( )
{…
　do{…}
　　while();
}
	⑤ for(; ;)
	{
	　while()
	　　{…}
	}
		⑥ do
		{ …
		　for(; ;)
		　　{…}
		}while();

【例4.7】　请编程实现如图4-12所示的直角三角形。

```
       *
      ***
     *****
    *******
   *********
  ***********
 *************
***************
```

图4-12　直角三角形样式

【算法分析】

三角形由"*"构成，一共有8行，可以先构成一个外循环，对于每一行"*"的个数，是行数的2倍再减1，比如输出第5行，"*"的数目就是2*5-1=9个，使用内循环可以实现。

【代码】

```c
#include <stdio.h>
void main()
{
    int i,j;
    for(i=1;i<=8;i++)            //使用变量i控制行数
    {
        for(j=1;j<=2*i-1;j++)    //使用变量j控制列数
        {
            printf("*");
        }
        printf("\n");
    }
    printf("\n");
}
```

程序运行结果如图4-13所示。

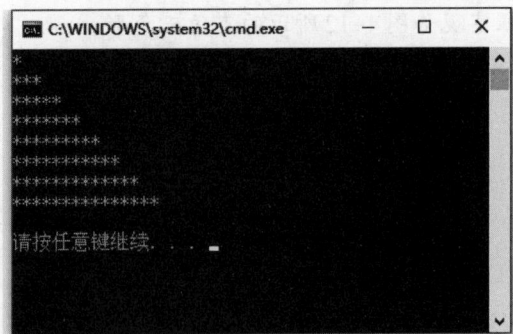

图4-13　例4.7程序运行结果

【例4.8】　请判断101—200有多少个素数，并输出所有的素数。

【算法分析】

通过循环列举出101—200的所有数，然后针对每一个数i，列举2~i/2的数来整除i，借此来判断数据i是否是素数，将素数输出即可，所以同样可以使用循环嵌套来实现。为了使输出的所有素数整齐排列，每输出一个素数就计数一次，一行显示8个素数后换行输出。

【代码】

```c
#include <stdio.h>
void main()
{
    int i,j,count=0;
    for(i=101;i<=200;i++)
    {
        for(j=2;j<=i/2;j++)
            {
                if(i%j==0)
                break;
            }
        if(j>i/2)
        {
        count++;
        printf("%5d",i);
        }
        if(count==8)
        {
```

```
count=0;
printf("\n");
}
}
printf("\n");
}
```

程序运行结果如图4-14所示。

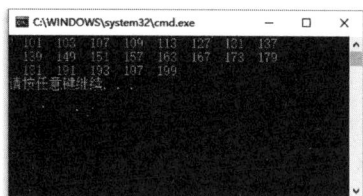

图4-14 例4.8程序运行结果

4.3 跳出循环语句

【任务5】 输入一行字符,分别统计出其中英文字母、空格、数字的个数。

【算法分析】

①定义计数变量nEng统计英文个数,变量nDig统计数字个数,变量nSp统计空格个数,初值为0。因为统计是针对输入的,所以输入可以放在循环事件内。

②语句"while (1) "是永真循环,即无限循环,实际靠"break;"退出。"c=getchar()"语句的作用是每读入一个字符后,判断字符是否是字母、数字或空格,直到输入一个"换行",利用break语句就可退出永真循环。

③输出最终统计数值。

运行结果如图4-15所示。

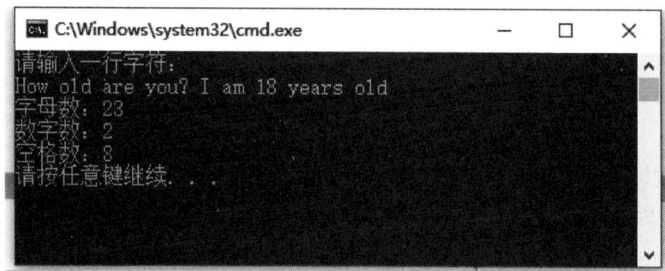

图4-15 统计输入一行字符个数程序运行结果

【代码】

```
#include <stdio.h>
void main()
{
    char c;
    int nEng=0, nDig=0 , nSp=0;
    printf("请输入一行字符:\n");
    while (1)          // 1表示永远是真
        {
            c=getchar();
            if (c=='\n')
            break;         // break 语句退出循环
                if(c>='a'&&c<='z'||c>='A'&&c<='Z')          //判断是否是英文字母
                nEng++;
                else  if (c>='0'&&c<='9')              //判断是否是数字
                    nDig++;
                    else  if (c==' ')              //判断是否是空格
                        nSp++;
        }
    printf("字母数:%d\n数字数:%d\n空格数:%d\n", nEng, nDig, nSp);
}
```

【知识点】

（1）break 语句

前面介绍的3种循环结构(while、do…while 和 for)都是在执行循环体之前或之后通过对一个表达式的测试来决定是否终止对循环体的执行,像这种正常结束循环的情况称为循环的正常出口。但是,在循环中还有一种情况,就是循环条件仍有效,但当满足另一条件时,循环结束,这种条件往往写在一个if语句中。像这种非正常结束循环的情况称为循环的非正常出口。

C语言中可以通过break语句来终止循环的执行,而转到循环结构的后续语句执行,break语句不仅能跳出switch结构,还能跳出循环结构。

（2）break 语句的一般形式

break;
注意:
① break 语句不能用于循环语句和switch语句之外的任何其他语句中。
② 在多层循环中,一个break语句只向外跳一层。

【例4.9】 请编写程序来判断用户输入的一个数字是否是素数。

【算法分析】

先设置一个变量flag为1,假设用户输入的数据是83,那么只需要用2~83/2以内的所有数与83做取余运算。只要有一个能将83整除就设置变量flag为0,从优化程序的角度出发,剩下的循环不必继续进行,如果flag为1,则说明输入的数据不是素数。

【代码】

```c
#include <stdio.h>
void main()
{
    int i,num,flag=1;
    printf("请输入一个整数");
    scanf("%d",&num);
    for(i=2;i<=num/2;i++)
        {
            if(num%i==0)
                {
                    flag=0;
                    break;
                }
        }
        if(flag==1)
            printf("%d是素数\n\n",num);
        else
            if(flag==0)
            printf("%d不是素数\n\n",num);
}
```

程序运行结果如图4-16和图4-17所示。

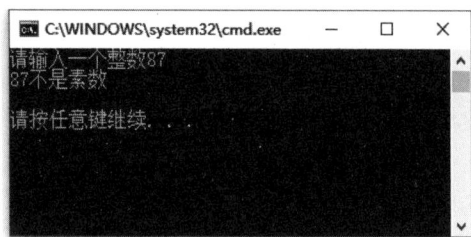

图4-16　例4.9程序运行结果1

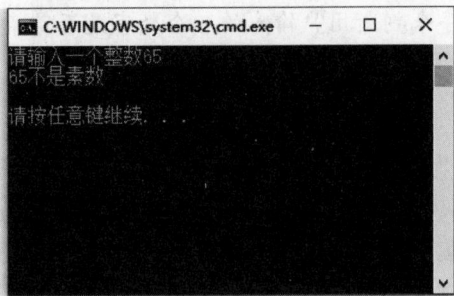

图4-17　例4.9程序运行结果2

【任务6】　将从键盘输入的字符在屏幕上原样输出,直到按回车键结束。

【算法分析】

①字符变量c用于存放屏幕输入的字符,每输入一个字符后对字符进行是否是Esc键的判断,如果不是则输出该字符;从键盘输入时,是在按Enter键以后才将一批数据一起送到内存缓冲区中去的。

②如果字符为Esc键,则结束本次循环重新进行字符输入。

运行结果如图4-18所示。

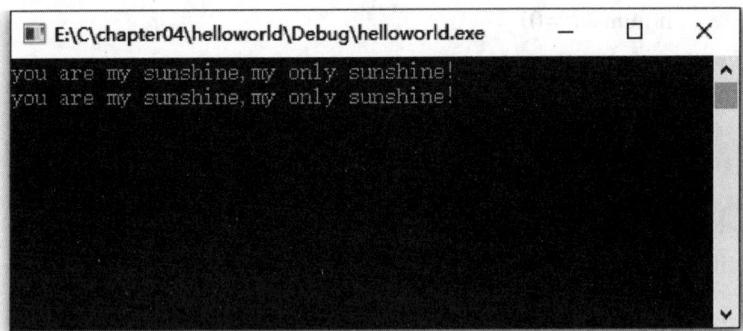

图4-18　原样输出屏幕字符程序运行结果

【代码】

```c
#include <stdio.h>
void main(void){
    char c;
    while(c!='/n')        //*不是回车符则进入循环*/
    {
        c=getchar();
        if(c==27)         //*若按Esc键不输出进行下次循环,Esc键ASCII码值为27*/
            continue;
```

```
        printf("%c", c);
    }
}
```

【知识点】

（1）continue 语句

结束本次循环，即跳过循环体中尚未执行的语句，接着进行下一次是否执行循环的判定。

（2）continue 语句的一般形式

continue;

注意：

① continue 语句只能用于循环结构。

② continue 语句和 break 语句的区别是：continue 语句只结束本次循环，即不执行循环体中该语句的后续语句，而不是终止整个循环；break 语句是终止整个循环，跳出循环体，去执行该循环结构的后续语句，不再做循环条件的判断。

（3）几种循环的比较

① 3 种循环都可以用来处理同一问题，一般情况下它们可以互相代替。

② 在 while 循环和 do…while 循环中，只在 while 后面的括号内指定循环条件，因此为了使循环能正常结束，应在循环体中包含使循环趋于结束的语句(如 i++,或 i=i+1)等。for 循环可以在表达式 3 中包含使循环趋于结束的操作，甚至可以将循环体中的操作全部放到表达式 3 中。因此 for 语句的功能更强，凡是用 while 循环能完成的，用 for 循环都能实现。

③ 用 while 循环和 do…while 循环时，循环变量初始化的操作应在 while 和 do…while 语句之前完成，而 for 语句可以在表达式 1 中实现循环变量的初始化。

④ while 循环、do…while 循环和 for 循环，都可以用 break 语句跳出循环，用 continue 语句结束本次循环。

【例 4.10】　请编写程序将 10—200 之间所有能被 5 和 7 同时整除的整数输出。

【算法分析】

解决这个问题可以从两种角度出发：一种是整数能同时被 5 和 7 整除，则输出；另一种是整数不能被 5 或者不能被 7 整除则不输出。

【代码 1】

```
#include <stdio.h>
void main()
```

```
{int num;
    for(num=10;num<=200;num++)
    { if(num%5==0&&num%7==0)     //判定这个整数是否可以被5和7同时整除
        printf("%5d",num);
    }
    printf("\n");
}
```

【代码2】

```
#include <stdio.h>
void main()
{
    int num;
    for(num=10;num<=200;num++)
    { if(num%5!=0||num%7!=0)     //这个整数如果不能被5或者7整除,则结束本次循环
        continue;
        printf("%5d",num);
    }
    printf("\n");
}
```
程序运行结果如图4-19所示。

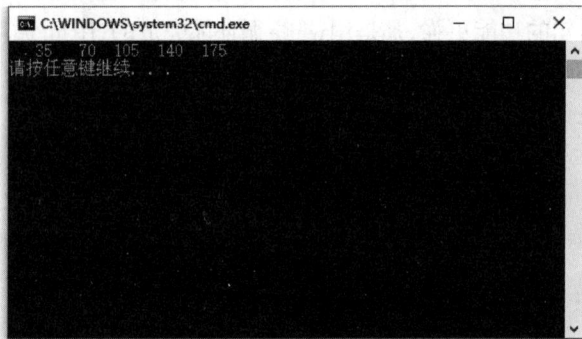

图4-19 例4.10程序运行结果

技能实训

【实训1】 阅读下列程序,写出分别输入1和21的运行结果,并分析原因。

源程序	运行结果及分析

``
#include <stdio.h>
void main()
{
    int sum=0,i;
    scanf("%d",&i);
    while(i<=20)
    {
    sum=sum+i;
    i++;
    }
    printf("sum=%d",sum);
}
``	

``
#include <stdio.h>
void main()
{
    int sum=0,i;
    scanf("%d",&i);
    do
    {sum=sum+i;
    i++;
    } while(i<=20)
    printf("sum=%d",sum);
}
``	

【实训2】　以下程序的功能是求解8!,请输入并运行源程序,找出程序的错误所在,记录下来并分析改正。

源程序	修改后程序

``
main()
{
    int i=1,fac;
    do
    {fac=fac*i;
    i++;
    } while(i<=8);
    printf("8!=%d",fac);
}
``	

错误提示	原因分析

【实训3】 以下程序的功能是输入一行字符,分别统计出其中英文字母、空格、数字和其他字符的个数,请完成源程序中空白部分并上机运行,写出运行结果。

提示:利用while语句,条件为输入的字符不为"\n"。

源程序	运行结果
| ```
#include <stdio.h>
void main()
{
    char c ;
    int letters=0,space=0,digit=0,others=0;
    printf("please input some characters\n");
    while(_____)
    { if(_____)
        letters++;  /*计算英文字母的个数*/
        else  if(c==' ') space++;
            else  if(_____)
                    digit++;  /*计算数字的个数*/
                    else   others++;
    }
    printf("the characters have letters  %d,space %d digit %d others %d\n",letters,
    space,digit,others);
}
``` | |

【实训4】 输入并运行下列程序,观察程序的运行结果,并写出程序所实现的功能。

源程序	运行结果及功能
| ```
#include <stdio.h>
void main()
{
    int n;
    while(1)
    { printf("Please enter a number:");
    scanf("%d",&n);
    if(n%2==1)
    {printf("I need another one. ");
    continue;
    }
    break;
    }
    printf("Thank you! I want that!\n");
}
``` | |

【实训5】 阅读分析下列程序,并回答题后的问题。

【代码】

```c
#include <stdio.h>
#define A  30
void main()
{
    int i=0,sum=0;
    do
    {if(i==(i/5)*5)
        continue;
        sum=sum+i;
    } while(++i<A);
    pringf("%d\n",sum);
}
```

① 此程序实现的功能为:_____。

② 预测此程序的输出结果为:_____。

③ 程序运行后的结果为:_____。

【实训6】 阅读分析下列程序,并回答题后的问题。

【代码】

```c
#include <stdio.h>
void main()
{
    int i;
    for(i=1;i<=5;i++)
    switch(i%2)
    {case 0: i++;printf("#");break;
      case 1:i+=2;printf("*");
      default:printf("$");
    }
}
```

① 此程序实现的功能为:_____。

② 预测此程序的输出结果为:_____。

③ 程序运行后的结果为:_____。

【实训7】 阅读分析下列程序,并回答题后的问题。
【代码】

```
#include<stdio.h>
void main()
{
    int i,num=0,t;
    float sum=0;
    for(i=0;i<10;i++)
    {
        scanf("%d",&t);
        if (t<=0)
        continue;
        num++;
        sum=sum+t;
    }
    printf("There are %d positive number. The sum is %6.0f\n",num,sum);
    printf("The average of positive number is %6.2f\n",sum/num);
}
```

① 此程序预测结果为 _____;
② 程序运行后的结果为: _____。
③ 程序的功能是: _____。

【实训8】 阅读分析下列程序,并回答题后的问题。
【代码】

```
#include <stdio.h>
#include <math.h>
void main()
{
    int i=0,sum=0;
    do
    {if(i==(i/5)*5)
        continue;
        printf("%d\n",i);
        sum=sum+i;
    } while(++i<30);
    printf("%d\n",sum);
}
```

① 实际程序运行的结果为: _____。

② 程序实现的功能是: _____。

【实训9】 以下程序的功能是求出100以内既能被7整除又能被9整除的数,请将下列程序补充完整,并上机调试运行出结果。

源程序	运行结果
```#include <stdio.h>void main(){ int i; for(_____;_____;i++) { if(_____) printf("%4d\n",i); }}```	

【实训10】 根据题意要求,编写程序并上机验证。

1.打印出100—1000之间的"水仙花数",所谓"水仙花数"是指一个三位数,其各位数字立方和等于该数本身。如153是一位水仙花数,因为$153=1^3+5^3+3^3$。

提示:利用循环控制100—1000之间的数,每个数分解出个位、十位、百位。

2.编写程序输入10个同学的C语言成绩,显示他们的平均分和成绩的总和。

提示:每输入一个同学成绩进行累加,10次循环后就可以求出总成绩,用总成绩除以10能得到平均成绩。

3.请找出下列的图案的规律并编程实现。

```
*
***
*****
*******
*****
***
*
```

提示:先把图形分成两部分来看,前4行一个规律,后3行一个规律,利用双重for循环,第一层控制行,第二层控制列;把图形看成一个整体,利用图形上下对称的特点,用双重for循环实现图形的输出。

4.一球从100 m高度自由落下,每次落地后反弹回原高度的一半再落下。求它在第10次落地时,共经过多少m? 第10次反弹多高?

提示:将1—10次落地经过的高度进行累加就是10次落地的高度,第10次反弹的高度是第9次的一半,因此可以设定sn为落地时经过的高度,hn为反弹的高度,第n次落地时经过的高度为sn=sn+2*hn,反弹高度hn=hn/2。

单元4
课后习题

知识归纳图表

知识回顾
（绘制本单元知识关系图）

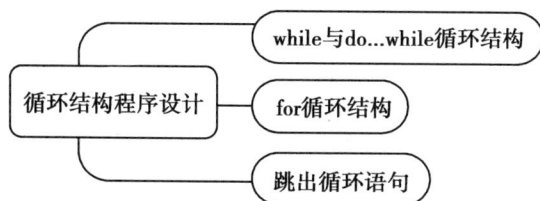

循环结构程序设计
- while与do...while循环结构
- for循环结构
- 跳出循环语句

思考总结

单元5 数 组

知识目标

① 掌握数组的定义、初始化及引用方法。

② 掌握一维数组、二维数组的使用,理解几种常用的排序方法。

③ 掌握字符数组、字符串的概念及使用方法,掌握几种常用字符函数的用法。

能力目标

① 具有应用数组解决实际问题的能力。

② 具有设计测试数据进行程序测试的能力。

素质目标

① 培养学生提出问题、分析问题并解决问题的能力。

② 培养学生获取新知识、新技能、新方法的能力。

③ 通过项目实施,培养学生的逻辑思维能力、团体合作能力。

学习计划表

项目		程序开发过程	数据描述	数据操作
课前预习	预习时间			
	预习结果	1. 难易程度 ○偏易(即读即懂)　　○适中(需要思考) ○偏难(需查资料)　　○难(不明白) 2. 疑点问题		
课后复习	复习时间			
	复习结果	1. 掌握程度 ○了解　○熟悉　○掌握　○精通 2. 重点、难点归纳		

引导案例

星级志愿者

案例描述

小明是某大学机电工程学院的学生。在大一期间,小明积极参加"小爱心大志愿服务团队",并担任队长,带领团队12人通过服务社区、新青年下乡等活动,看望孤寡老人,进行防疫宣传、卫生打扫,关注留守儿童。在小明带领的团队中,3人获评五星级志愿者、4人获评四星级志愿者、5人获评三星级志愿者,团队荣获武汉市"本禹志愿服务队"示范团队。由于工作突出,小明大二上学期被选为志愿者服务部部长,负责本学院学生会的志愿者工作。

小明对志愿者工作充满热情,积极履行"奉献友爱、互助进步"的志愿者精神。在制订年度计划时,他对志愿者招募、每月活动、宣传等有了较好的思路,唯一让他感觉比较棘手的是志愿者的星级评定。

志愿者等级	社会实践与志愿服务学时
一星级志愿者	≥36
二星级志愿者	≥72
三星级志愿者	≥100
四星级志愿者	≥200
五星级志愿者	≥300

目前学院共有268名志愿者,每年都有新的志愿者加入,每月对每个志愿者服务时长进行汇总,并进行星级认定,每年要对全年服务总时长和个人平均服务时长进行统计。

本学期小明学习C语言程序设计,通过数组,他将怎样对星级服务进行汇总统计呢?

案例分析

① 建立一个二维字符数组char name[268][8],用来存放志愿者姓名。

② 建立一个二维数组float num[268][12],用来存放268个志愿者每月服务时长。

③ 通过二维数组排序、汇总、查找、求平均值等,可以对每个志愿者服务时长进行汇总,并进行星级认定,每年要对全年服务总时长和个人平均服务时长进行统计。

案例实现

引导案例

5.1　一维数组

【任务1】　从键盘输入10个整数,再输出该10个整数。

【算法分析】

① 定义一维整数数组 a[10]。
② 使用循环语句依次输入10个整数,存入数组。
③ 使用循环语句依次输出数组的10个元素。

【代码】

```
#include  <stdio.h>
void main()
{
    int  i,a[10];              //定义循环变量i和整数数组a
    printf("请输入10个整数: \n");
    for(i=0;i<10;i++)          //使用循环语句依次输入10个整数,存入数组
        scanf("%d",&a[i]);
    printf("输出10个整数: \n");
    for(i=0;i<10;i++)          //使用循环语句依次输出数组的10个元素
        printf("%5d",a[i]);
}
```

【知识点】

（1）一维数组的定义

一般把同一种数据类型的一个集合定义成数组,以便对整个集合的数据进行处理。一维数组的定义方式为:

类型说明符 数组名[常量表达式];

例如:int a[10]; 它表示数组名为a,此数组有10个元素,分别是 a[0], a[1], a[2], a[3], a[4], a[5], a[6], a[7], a[8], a[9]。

注意:

① 数组名必须是合法标识符。

② C语言中,数组元素下标从0开始,int a[10]; 所定义的数组a中并不存在数组元素 a[10]。

③ 常量表达式可以包括常量和符号常量,不能包含变量。下列定义是错误的:

```
int  n;
n=3;
int  a[n];
```

（2）一维数组元素的表示

C语言中,定义的数组 a[n]中,共有 n 个元素,分别用 a[0], a[1], ……, a[n-1]表示,即下标范围是 0~n-1。

（3）一维数组元素的输入输出

C语言中,一维数组元素的输入输出一般只能对每个元素依次执行,为了方便操作,一般使用一重循环语句配合使用。如:

```
int a[20],i;
for(i=0;i<20;i++)
sacnf("%d",&a[i]);
```

【例 5.1】 定义数组,从键盘输入 10 个实数,并按输入相反次序输出该 10 个实数。

```
#include "stdio.h"
void main()
{
    int i;
    float a[10];
    printf("请输入 10 个实数:\n");
    for(i=0;i<10;i++)
    {
        printf("请输入第%d 个:",i+1);
        scanf("%f",&a[i]);
    }
    printf("按输入相反次序输出该实数:\n");
    for(i=9;i>=0;i--)
    {
        printf("%.2f ",a[i]);
    }
}
```

程序运行结果如图 5-1 所示。

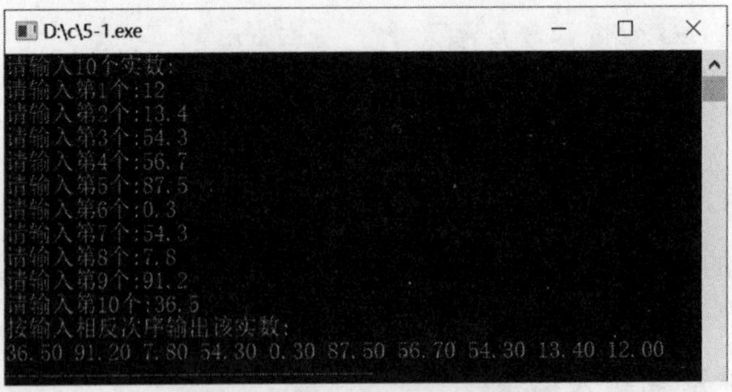

图5-1 例5.1程序运行结果

【例5.2】 定义数组,输入10个整数,输出其平均值。

```c
#include "stdio.h"
void main()
{
    int i,a[10];
    float sum=0.0,ave;
    printf("请输入10个整数:\n");
    for(i=0;i<10;i++)
    {
        printf("请输入第%d个:",i+1);
        scanf("%d",&a[i]);
        sum=sum+a[i];
    }
    ave=sum/10.0;
    printf("该10个数平均值为:%.2f\n",ave);
}
```

程序运行结果如图5-2所示。

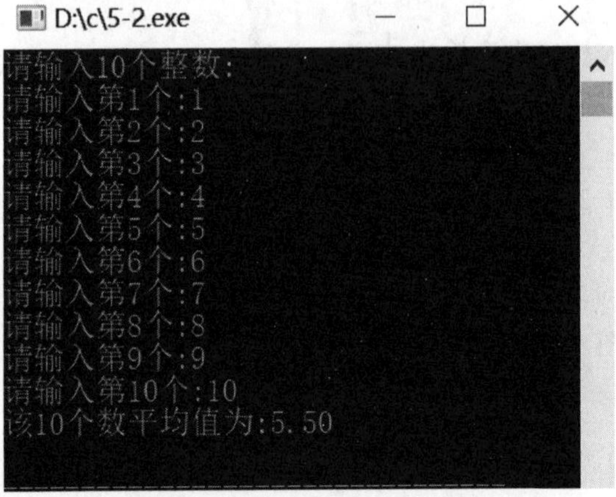

图5-2 例5.2程序运行结果

【任务2】 把3,12,56,120,43,18,12,9,51,100这10个整数存入数组,再从第1个数开始,两两进行交换(12,3,120,56,18,43,9,12,100,51),再输出该数组所有元素。

【算法分析】

① 定义一维整数组 a[10]并初始化。
② 从数组的第1个元素开始,两两进行交换(temp=a[i];a[i]=a[i+1];a[i+1]=temp;)。
③ 使用循环语句依次输出数组的10个元素。

【代码】

```
#include "stdio.h"
void main()
{
    int a[]={3,12,56,120,43,18,12,9,51,100},i,temp;
    printf("数组 a 为:\n");
    for(i=0;i<10;i++)
    {
        printf("%5d",a[i]);
    }
    for(i=0;i<10;i=i+2)
    {
        temp=a[i];
        a[i]=a[i+1];
        a[i+1]=temp;
    }
    printf("\n数组 a 元素两两交换后为:\n");
    for(i=0;i<10;i++)
    {
        printf("%5d",a[i]);
    }
}
```

【知识点】

(1)一维数组的初始化

一维数组的初始化就是在定义一维数组同时给数组赋初值。一维数组的初始化有以下几种方式:

① 在定义数组时对数组元素全部赋值。如：

int a[10]={1,2,3,4,5,6,7,8,9,10};

② 只给数组元素部分元素赋值。如：

int a[10]={1,2,3,4,5};

③ 给数组元素所有元素赋初值时，可以省略数组长度。如：

int a[ ]={1,2,3,4,5,6,7,8,9,10};

注意：整体给数组赋值只能在定义数组时使用，数组初始化时必须从第一个元素开始依次初始化，以下都是错误赋值语句：

int a[10]; a[10]={1,2,3,4,5,6,7,8,9,10};

int a[10]={1,2, ,3,4};

（2）一维数组的存储

C语言中，定义数组时，在内存中按照所定义的数组类型及元素个数分配一段连续的存储空间给数组，如int a[10]，在内存中分配4*10个字节的空间给数组a，因为一个整型数据占4个字节，共10个元素，所以分配4*10个字节空间。数组名a表示该数组所分配连续内存空间中第一个单元的地址，即首地址。一维数组内存分配如图5-3所示。

图5-3　一维数组内存分配

【例5.3】　把{1,2,3,4,5,6,7,8,9} 9个整数赋值给数组a[15]的后9个元素，其他元素值为0；再输出该数组。

```c
#include "stdio.h"
void main()
{
    int i,a[15]={0};
    printf("数组初值为0:\n");
    for(i=0;i<15;i++)
        printf("%d ",a[i]);
    for(i=1;i<=9;i++)
        a[i+5]=i;
    printf("\n把9个数赋给数组后:\n");
    for(i=0;i<15;i++)
        printf("%d ",a[i]);
}
```

程序运行结果如图5-4所示。

图5-4 例5.3程序运行结果

【例5.4】 把上述数组每个元素整体向前移一位,最后一位补0。

```c
#include "stdio.h"
void main()
{
    int i,a[15]={0};
    printf("数组初值为0:\n");
    for(i=0;i<15;i++)
        printf("%d ",a[i]);
    for(i=1;i<=9;i++)
        a[i+5]=i;
    printf("\n把9个数赋给数组后:\n");
    for(i=0;i<15;i++)
        printf("%d ",a[i]);
    for(i=0;i<14;i++)
        a[i]=a[i+1];
    a[i]=0;
    printf("\n数组整体向前移一位后:\n");
    for(i=0;i<15;i++)
        printf("%d ",a[i]);
}
```

程序运行结果如图5-5所示。

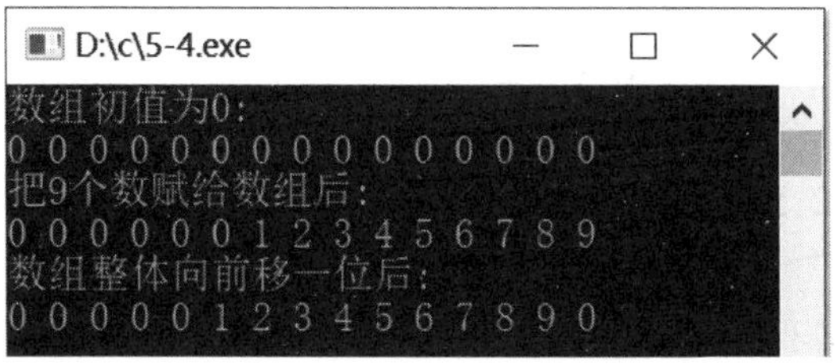

图5-5 例5.4程序运行结果

【任务3】 把43,20,56,12,8,18,32存入数组,再按从小到大进行排序后输出。

方法一:

【算法分析】

① 定义一维整数组 a[7]并初始化。

② 对7个数进行排序,需要进行6轮操作。

第1轮操作:假设第1个元素为7个数中的最小数,依次与后6个数比较,如果后6个数中还有比第1个元素小的数,就两两交换,以此类推,本轮结束,第1个元素为7个数中的最小数;

第2轮操作:假设第2个元素是剩下6个数中最小数,对该数与后5个数比较,如果还有比该数小的数,就交换,该轮结束,第2个元素为7个数中次小的数;

……

第6轮操作:假设第6个元数是7个数中大小排在第6的数,对该数与最后1个元素比较,如果该数比最后1个元素还要大,两者交换,本轮结束,7个元素按从小到大进行排列。

第1轮操作: 43,20,56,12,8,18,32 (第1个元素比第2个元素大,两者交换)

20,43,56,12,8,18,32

20,43,56,12,8,18,32 (第1个元素比第4个元素大,两者交换)

12,43,56,20,8,18,32 (第1个元素比第5个元素大,两者交换)

8,43,56,20,12,18,32

8,43,56,20,12,18,32

第1轮结束,第1个元素为7个数中最小数

第2轮操作: 8,43,56,20,12,18,32

8,43,56,20,12,18,32 (第2个元素比第4个元素大,两者交换)

8,20,56,43,12,18,32 (第2个元素比第5个元素大,两者交换)

8,12,56,43,20,18,32

8,12,56,43,20,18,32

第2轮结束,第2个元素为7个数中次小数

第3轮操作结束: 8,12,18,56,43,20,32

第4轮操作结束: 8,12,18,20,56,43,32

第5轮操作结束: 8,12,18,20,32,56,43

第6轮操作结束: 8,12,18,20,32,43,56

③ 输出数组元素。

【代码】
```c
#include "stdio.h"
void main()
{
    int i,j,temp,a[]={43,20,56,12,8,18,32};
    printf("数组 a 为 :\n");
    for(i=0;i<7;i++)
        printf("%4d",a[i]);
    for(i=0;i<6;i++)
        for(j=i+1;j<7;j++)
        if(a[i]>a[j])
        {temp=a[i];a[i]=a[j];a[j]=temp;}
    printf("数组 a 排序后为 :\n");
    for(i=0;i<7;i++)
        printf("%4d",a[i]);
}
```

方法二 :（选择法排序）

【算法分析】

在方法一的基础上进行改进 : 主要是在每轮比较过程中,用min标记最小数的位置,一轮结束后,如果min所指示位置与该轮第1个比较元素位置不相同,则对二者进行交换。

第1轮操作:43,20,56,12,8,18,32 （第2个元素比min小,min指向第2个元素）

(min)

43,20,56,12,8,18,32

(min)

43,20,56,12,8,18,32 （第4个元素比min小,min指向第4个元素）

(min)

43,20,56,12,8,18,32 （第5个元素比min小,min指向第5个元素）

(min)

43,20,56,12,8,18,32

(min)

43,20,56,12,8,18,32

(min)

第1轮比较结束,min所指的下标为4,与第1轮第1个元素下标0不相等,两者交换。

    8,20,56,12,43,18,32

第2轮操作:

    8,20,56,12,43,18,32

      (min)

    8,20,56,12,43,18,32 (第4个元素比min小,min指向第4个元素)

      (min)

    8,20,56,12,43,18,32

       (min)

    8,20,56,12,43,18,32

       (min)

    8,20,56,12,43,18,32

       (min)

第2轮结束,min所指的下标为3,与第2轮第1个元素下标1不相等,两者交换。

8,12,56,20,43,18,32

第3轮操作结束: 8,12,18,20,43,56,32

第4轮操作结束: 8,12,18,20,43,56,32

第5轮操作结束: 8,12,18,20,32,56,43

第6轮操作结束: 8,12,18,20,32,43,56

【代码】

```c
#include "stdio.h"
void main()
{
    int i,j,temp,min,a[]={43,20,56,12,8,18,32};
    printf("数组a为:\n");
    for(i=0;i<7;i++)
        printf("%4d",a[i]);
    for(i=0;i<6;i++)
    {
        min=i;
        for(j=i+1;j<7;j++)
            if(a[min]>a[j])
                min=j;
```

```
            if(min!=i)
                {temp=a[i];a[i]=a[min];a[min]=temp;}
        }
        printf("\n数组a排序后为:\n");
        for(i=0;i<7;i++)
            printf("%4d",a[i]);
}
```

方法三:(冒泡法排序)

【算法分析】

① 定义一维整数组a[7]并初始化。

② 利用冒泡法对7个数进行升序排列:从下标为0的数开始两两比较,如果比某个数大,则进行交换,也就是将最大的数放到数组的最后一个位置。以此类推,数组中的数就是从小到大的顺序。7个数共进行6轮操作。

第一轮操作:

43,20,56,12,8,18,32　(第1、2个元素比较,把大的放到后面,两者交换)

20,43,56,12,8,18,32

20,43,56,12,8,18,32　(第3、4个元素比较,把大的放到后面,两者交换)

20,43,12,56,8,18,32　(第4、5个元素比较,把大的放到后面,两者交换)

20,43,12,8,56,18,32　(第5、6个元素比较,把大的放到后面,两者交换)

20,43,12,8,18,56,32　(第6、7个元素比较,把大的放到后面,两者交换)

20,43,12,8,18,32,56　(第一轮操作结束,7个数中最大数放在最后1个元素中)

第二轮操作:(从第1个数到第6个数两两进行比较)

20,43,12,8,18,32,56

20,43,12,8,18,32,56　(第2、3个元素比较,把大的放到后面,两者交换)

20,12,43,8,18,32,56　(第3、4个元素比较,把大的放到后面,两者交换)

20,12,8,43,18,32,56　(第4、5个元素比较,把大的放到后面,两者交换)

20,12,8,18,43,32,56　(第5、6个元素比较,把大的放到后面,两者交换)

20,12,8,18,32,43,56　(第二轮操作结束,次大的数放在倒数第2个元素中)

第三轮操作结束：
12,8,18,20,32,43,56
第四轮操作结束：
8,12,18,20,32,43,56
③ 输出数组元素。
【代码】
```c
#include "stdio.h"
void main()
{
    int i,j,temp,a[]={43,20,56,12,8,18,32};
    printf("数组 a 为：\n");
    for(i=0;i<7;i++)
        printf("%4d",a[i]);
    for(i=0;i<6;i++)
        {
            for(j=0;j<6-i;j++)
            if(a[j]>a[j+1])
            {temp=a[j];a[j]=a[j+1];a[j+1]=temp;}
        }
    printf("\n数组 a 排序后为：\n");
    for(i=0;i<7;i++)
        printf("%4d",a[i]);
}
```

【知识点】

（1）排序

将杂乱无章的数据元素，通过一定的方法按关键字顺序排列的过程称为排序。排序方法有很多，冒泡法排序相对于选择法排序来说，比较和交换次数较多，效率较低。

1）冒泡法排序

冒泡法排序是将相邻的两个元素进行比较，若是升序，则将大的后移，若是降序，则将小的后移。每轮都会找到一个最大值或最小值的数并移到后面，若n个数排序，则找出n-1个最大值或最小值并移到指定位置，如此即可实现升序或降序排列。

2）选择法排序

选择法排序是在每一轮找到一个最大值或最小值的数，先设定一个最大值或最小值，然后把剩下的元素依次与最大值或最小值相比，若它比最大值还大或比最小值还小，则它就是最大值或最小值，再把最大值或最小值放在指定的位置，同样对n个数只要找出n-1个最大值或最小值并移到指定位置，如此即可完成排序。

【例5.5】 输入8个学生成绩,对该成绩按冒泡法进行升序排列。

```
#include "stdio.h"
void main()
{
    int i,j,temp,score[8];
    printf("请输入8个学生成绩:\n");
    for(i=0;i<8;i++)
        scanf("%d",&score[i]);
    printf("该8个学生成绩为:\n");
    for(i=0;i<8;i++)
        printf("%d ",score[i]);
    for(i=0;i<7;i++)
        for(j=i+1;j<8;j++)
            if(score[i]>score[j])
                {temp=score[i];score[i]=score[j];score[j]=temp;}
    printf("\n按升序对该8个学生成绩排序:\n");
    for(i=0;i<8;i++)
        printf("%d ",score[i]);
}
```

程序运行结果如图5-6所示。

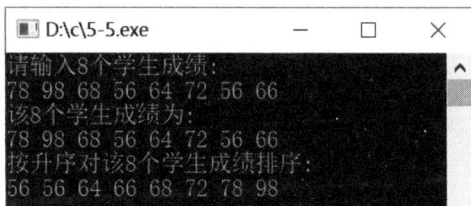

图5-6 例5.5程序运行结果

【例5.6】 对{4,84,45,65,21,10,96}7个数按选择法进行降序排列。

```
#include "stdio.h"
void main()
{
    int i,j,temp,max,a[7]={4,84,45,65,21,10,96};
    printf("数组为:\n");
    for(i=0;i<7;i++)
        printf("%4d",a[i]);
    for(i=0;i<6;i++)
    {
        max=i;
        for(j=i+1;j<7;j++)
```

```
            if(a[max]<a[j])
            max=j;
            if(max!=i)
                {temp=a[i];a[i]=a[max];a[max]=temp;}
        }
    printf("\n数组a排序后为:\n");
    for(i=0;i<7;i++)
        printf("%4d",a[i]);
}
```

程序运行结果如图5-7所示。

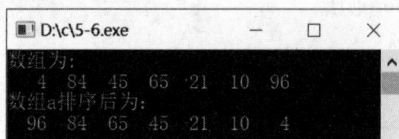

图5-7　例5.6程序运行结果

5.2　二维数组

【任务4】　把下列矩阵的值存放在二维数组中并输出:

$$\begin{matrix} 1 & 2 & 3 & 4 \\ 0 & 0 & 5 & 0 \\ 6 & 7 & 0 & 0 \end{matrix}$$

【算法分析】

① 定义二维整数组 a[3][4]。
② 使用循环语句依次输入矩阵各个值,存入数组,或利用初始化对二维数组进行赋值。
③ 使用二重循环语句依次输出数组的12个元素。

【代码】

方法一:(依次输入二维数组的各个元素)

```
#include "stdio.h"
main()
{
    int i,j,a[3][4];
    printf("请依次输入矩阵的各个值:\n");
    for(i=0;i<3;i++)
```

```
            for(j=0;j<4;j++)
                    scanf("%d",&a[i][j]);
        printf("矩阵为:\n");
        for(i=0;i<3;i++)
            {
                    for(j=0;j<4;j++)
                        printf("%d ",a[i][j]);
                    printf("\n");
            }
}
```

方法二:(利用初始化对数组赋值)

```
#include "stdio.h"
main()
{
    int i,j,a[3][4]={1,2,3,4,0,0,5,0,6,7,0,0};
    printf("矩阵为:\n");
    for(i=0;i<3;i++)
        {
                for(j=0;j<4;j++)
                    printf("%d ",a[i][j]);
                printf("\n");
        }
}
```

【知识点】

(1) 二维数组的定义

二维数组定义的一般形式:

类型说明符　数组名[常量表达式][常量表达式];

例如:int a[3][4],b[5][10];

注意:

① 二维数组可以看作定义是 n×m(n行m列)的数组,采用这样的定义方式,可以进一步把二维数组看作一种特殊的一维数组,如 int a[3][4]是一个一维数组,它有3个元素:a[0]、a[1]、a[2],每个元素又是一个包含4个元素的一维数组。

② 二维数组行标和列标都从0开始,整个二维数组元素个数是行标和列标的乘积,如 int a[3][4],元素共有3×4=12个,分别是:a[0][0],a[0][1],a[0][2],a[0][3];a[1][0],a[1][1],a[1][2], a[1][3]; a[2][0],a[2][1],a[2][2],a[2][3];要注意的是数组 a 中是没有 a[3][4]这个元素的。

a[0][0] a[0][1] a[0][2] a[0][3]

a[1][0] a[1][1] a[1][2] a[1][3]

a[2][0] a[2][1] a[2][2] a[2][3]

③ C语言中，二维数组中元素排列的顺序是：按行存放，即在内存中先顺序存放第一行的元素，再存放第二行的元素。

（2）二维数组的引用

二维数组元素的表示形式：

数组名[下标][下标]

数组元素可以出现在表达式中，也可以被赋值，例如：

int a[3][4],b[5][10];

a[[2][3]=2;

b[4][5]=a[2][3]*2;

注意：二维数组元素引用时，一般都是使用双重循环对每个元素进行引用。

（3）二维数组的初始化

可以用以下方法对二维数组进行初始化：

① 按行给二维数组赋初值。如：

int a[3][4]={{1,2,3,4},{0,0,5,0},{6,7,0,0}};

第1个花括号内的数据赋给第1行的元素，第2个花括号内的数据赋给第2行的元素……即按行赋初值。

② 按数组排列的顺序赋初值，如：

int a[3][4]={1,2,3,4,0,0,5,0,6,7,0,0};

③ 对部分元素赋初值，如：

int a[3][4]={{1,2,3,4},{0,0,5},{6,7}};

未赋值的元素值自动为0。

④ 如果对全部元素都赋初值，即提供全部初始数据，则定义数组时对第一维的长度可以不指定，但第二维的长度不能省。如：

int a[][4]= {1,2,3,4,0,0,5,0,6,7,0,0};

【例5.7】 定义二维数组存放下列矩阵数值，输出数组各元素。

12 6 7 0

0 25 9 81

3 41 0 0

```
#include "stdio.h"
void main()
{
    int i,j,a[3][4]={{12,6,7,0},{0,25,9,81},{3,41,0,0}};
    printf("二维数组为:\n");
```

```c
#include "stdio.h"
void main()
{
    int i,j,max,maxi,maxj,a[3][4]={{23,12,45,65},{12,32,56,9},{2,97,111,4}};
    maxi=0;
    maxj=0;
    max=a[0][0];
    printf("二维数组为:\n");
    for(i=0;i<3;i++)
        {
            for(j=0;j<4;j++)
                {
                    if(max<a[i][j])
                        {max=a[i][j];maxi=i;maxj=j;};
                        printf("%4d ",a[i][j]);
                }
            printf("\n");
        }
    printf("二维数组中最大元素是第%d行第%d列的%d.",maxi+1,maxj+1,max);
}
```

程序运行结果如图5-10所示。

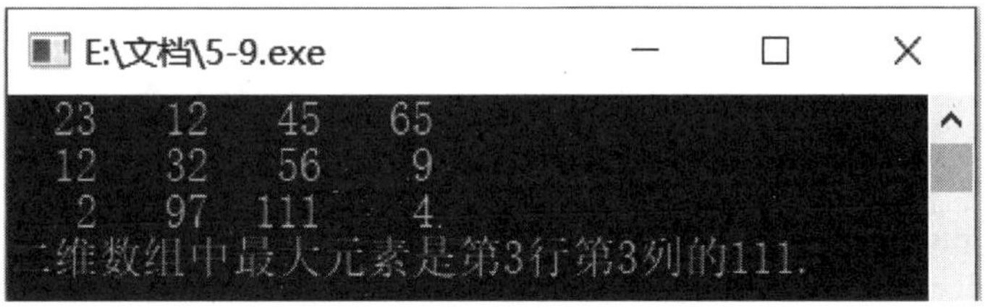

图5-10 例5.9程序运行结果

【例5.10】 已知一个4×4矩阵,求对角线元素之和。

```c
#include "stdio.h"
void main()
{
    int i,j,sum=0,a[4][4]={{0,1,2,3},{4,5,6,7},{8,9,10,11},{12,13,14,15}};
    printf("二维数组为:\n");
    for(i=0;i<4;i++)
        {
            for(j=0;j<4;j++)
                {
                    printf("%4d",a[i][j]);
```

```
            if(i==j||i+j==3)  sum=sum+a[i][j];
            }
        printf("\n");
        }
    printf("\n二维数组对角线元素之和为:%d.",sum);
}
```

程序运行结果如图5-11所示。

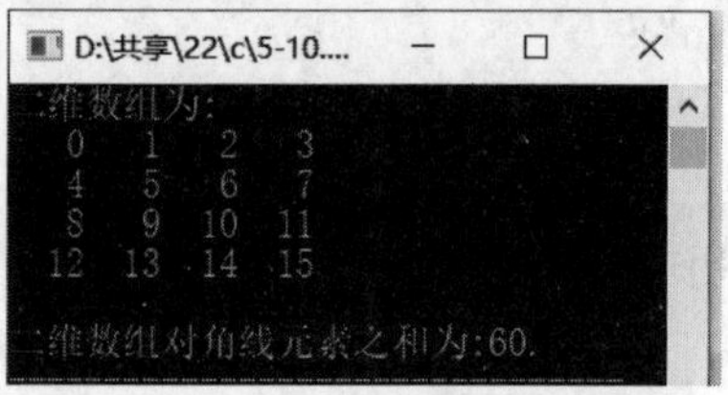

图5-11　例5.10程序运行结果

5.3　字符数组

【任务6】　用数组存放并输出字符串"I 'm learning C language!";

【算法分析】

① 定义字符数组 c[24]并对数组进行初始化。
② 利用循环语句依次输出数组各元素。

【代码】

```
#include "stdio.h"
void main()
{
    char c[24]={'I','\'','m',' ','l','e','a','r','n','i','n','g',' ','C',' ','l','a','n','g','u','a','g','e','!'};
    int i;
    for(i=0;i<24;i++)
    printf("%c",c[i]);
}
```

【知识点】

（1）字符数组的定义
字符数组的定义与一维数组的定义方法相同,例如:
char c[12];

c[0]='H';c[1]='o';c[2]='w';c[3]=' ';c[4]='a';c[5]='r';c[6]='e';c[7]=' ';c[8]='y'; c[9]='o';c[10]='u'; c[11]='?';

定义的字符数组,包含12个元素,赋值后数组的状态如图5-12所示。

c[0]	c[1]	c[2]	c[3]	c[4]	c[5]	c[6]	c[7]	c[8]	c[9]	c[10]	c[11]
H	o	w	␣	a	r	e	␣	y	o	u	!

图5-12　字符数组存储

（2）字符数组的初始化

① 对字符数组元素逐个赋值。

char c[12]={'H','o','w',' ','a','r','e',' ','y','o','u','!'};

如果花括号中提供的初值个数大于数组长度,则按语法错误处理;如果初值个数小于数组长度,则自动将这些字符赋给数组中前面那些元素,其余的元素自动定义为空字符（即'\0'）。如:

char c[10]={'C',' ','p','r','o','g','r','o','g','r','a','m'};

字符数组初始化状态如图5-13所示。

c[0]	c[1]	c[2]	c[3]	c[4]	c[5]	c[6]	c[7]	c[8]	c[9]
c	␣	p	r	o	g	r	a	m	\0

图5-13　字符数组初始化

② 当初值个数与预定数组长度相同,可以省略数组长度。

如:char c[ ]={'H','o','w',' ','a','r','e',' ','y','o','u','!'};

数组c的长度自动定为12。

③ 二维字符数组的初始化。

例如:char c[][]={{' ',' ','*','*','*'},{' ','*',' ','*',' '},{'*','*','*'}};

输出如图5-14所示。

```
  *   *   *

  *       *

  *   *   *
```

图5-14　矩形星号

（3）字符数组的引用

可以通过引用字符数组中的一个元素,得到一个字符。

【例5.11】 利用字符数组输出图5-14所示的图形。

```c
#include "stdio.h"
void main()
{
    char c1[5]={' ',' ','*','*','*'};
    char c2[4]={' ','*',' ','*',' '};
```

```
        char c3[3]={'*','*','*'};
        int i;
        printf("图形如下:\n");
        for(i=0;i<5;i++)
            printf("%c",c1[i]);
        printf("\n");
        for(i=0;i<4;i++)
            printf("%c",c2[i]);
        printf("\n");
        for(i=0;i<3;i++)
            printf("%c",c3[i]);
}
```
程序运行结果如图5-15所示。

图5-15　例5.11程序运行结果

【任务7】　从键盘中输入字符串"I'm learning C language!"存放到字符数组中,并输出该字符串。

【算法分析】

① 定义字符数组c[24]。
② 输入字符串到数组。
③ 输出字符串。

【代码】

方法一:逐个输入输出字符串
```
#include "stdio.h"
void main()
{
    char c[24];
    int i;
    printf("请依次输入字符串的各个字符:\n");
    for(i=0;i<24;i++)
```

```
            scanf("%c",&c[i]);
        printf("字符串为:\n");
        for(i=0;i<24;i++)
            printf("%c",c[i]);
}
```

方法二: 采用格式字符串%s输入输出字符串

```
#include "stdio.h"
void main()
{
    char str1[4],str2[9],str3[2],str4[10];
    printf("请输入字符串:\n");
    scanf("%s%s%s%s",str1,str2,str3,str4);
    printf("字符串为:\n");
    printf("%s %s %s %s",str1,str2,str3,str4);
}
```

方法三: 采用字符串处理函数输入输出字符串

```
#include "stdio.h"
#include "string.h"
void main()
{
    char str[25];
    printf("请输入字符串:\n");
    gets(str);
    printf("字符串为:\n");
    puts(str);
}
```

【知识点】

（1）字符串和字符串结束标志

1）字符串的有效长度

在C语言中,将字符串作为字符数组来处理。如任务6中就是用一个一维字符数组存放一个字符串"I'm learning C language!"。这个字符串的实际长度与数组长度相等。

在实际中,我们大多时候关心的是有效字符串的长度而不是字符数组的长度。如定义一个字符数组长度为100,而实际有效字符只有50个。为了测定字符串的实际长度,C语言规定用"字符串结束标志"('\0')来表示字符串的结束。

2)字符串结束标志'\0'

'\0'代表 ASCII 码为0的字符,该字符不是一个可以显示的字符,而是一个"空操作符",用它来作为字符串的结束标志,不会产生附加操作或增加有效字符,只起一个供辨别的标志。

C语言在内存中存放字符串时,系统自动在最后一个字符后面加一个'\0'作为字符串结束标志。

3)利用字符串常量初始化字符数组

利用字符串常量初始化字符数组可以采取以下方法。如:

char c[ ]={"I'm learning C language!"}; 或

char c[ ]= "I'm learning C language!";

注意,数组C的长度不是24,而是25,因为在字符串后加了'\0'。上面初始化与下面初始化等价:

char c[ ]={'I','\'','m',' ','l','e','a','r','n','i','n','g',' ','C',' ','l','a','n','g','u','a','g','e','!','\0'};

（2）字符数组的输入输出

字符数组的输入输出可以有3种方法。

1)逐个字符输入输出

用格式"%c"输入或输出一个字符,如任务7方法一。

2)将整个字符串一次输入或输出

用"%s"格式符。

如: char c[ ]="Language";

printf("%s",c);

注意:

① 输出字符不包括结束符'\0'。

② 用"%s"格式输出时,printf函数中的输出项是字符数组名,而不是数组元素名。

③ 即使字符数组长度大于实际字符串长度,输出遇到'\0'结束,如:

char c[50]="Language";

printf("%s",c);

也只输出"Language"8个字符,而不是50个字符。

④ 如果一个字符数组中包含一个以上'\0',遇到第一个'\0'时输出就结束,如:

char c[ ]={'I','\'','m','\0','l','e','a','r','n','i','n','g','\0','C','\0','l','a','n','g','u','a','g','e','!','\0'};

printf("%s",c);

输出遇到第一个'\0'结束,即输出"I'm"。

⑤ 使用scanf函数输入字符,如果采用格式符"%s"时,遇到空格时,自动判定字符串结束,如:

char c[13];

scanf("%s",c);

如果输入12个字符：How are you?

实际上只是将空格前的字符How送到str中，由于把"How"作为一个字符串处理，因此在其后加'\0'，如图5-16所示。

c[0]	c[1]	c[2]	c[3]	c[4]	c[5]	c[6]	c[7]	c[8]	c[9]	c[10]	c[11]	c[12]
H	o	w	\0	\0	\0	\0	\0	\0	\0	\0	\0	\0

图5-16　scanf函数输入字符

3）采用字符串处理函数输入输出字符串

① puts函数输出字符串。

格式：puts(字符数组)

作用：将一个字符串（以'\0'结束的字符序列）输出到终端。

如：

char str[ ]="I'm learning C language!";

puts(str);

结果输出："I'm learning C language!"

② gets函数输入字符串。

格式：gets(字符数组);

作用：从终端输入一个字符串到字符数组。如：

char str[100];

gets(str);

如果输入"I'm learning C language!"，则将字符串"I'm learning C language!"送给数组str。注意该数组是25个字符（包括结束符'\0'）。

注意：该两个函数每次只能对一个字符串操作，以下写法是错误的：

gets(str1,str2); puts(str1,str2);

【例5.12】 用3种方法输入并输出字符串"I am a Chinese."

方法一：

```
#include "stdio.h"
void main()
{
    char c[15];
    int i;
    printf("请依次输入字符串的各个字符：\n");
    for(i=0;i<15;i++)
        scanf("%c",&c[i]);
    printf("字符串为：\n");
    for(i=0;i<15;i++)
        printf("%c",c[i]);
}
```

程序运行结果如图5-17所示。

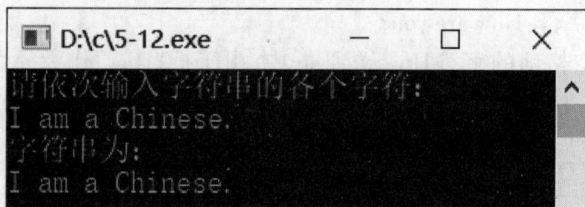

图5-17　例5.12程序运行结果

方法二：

```c
#include "stdio.h"
void main()
{
    char str1[1],str2[2],str3[1],str4[8];
    printf("请输入字符串:\n");
    scanf("%s%s%s%s",str1,str2,str3,str4);
    printf("字符串为:\n");
    printf("%s %s %s %s",str1,str2,str3,str4);
}
```

程序运行结果如图5-18所示。

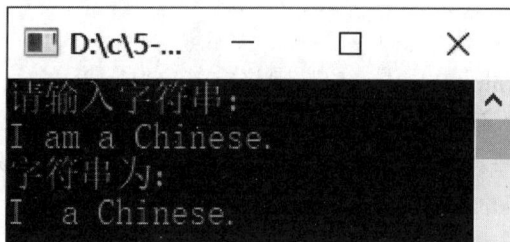

图5-18　例5.121程序运行结果

方法三：

```c
#include "stdio.h"
#include "string.h"
void main()
{
    char str[16];
    printf("请输入字符串:\n");
    gets(str);
    printf("字符串为:\n");
    puts(str);
}
```

程序运行结果如图5-19所示。

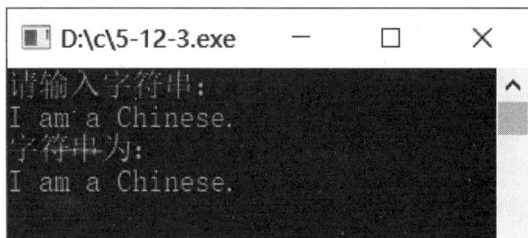

图5-19 例5.12程序运行结果

【例5.13】 输入5个学生的家庭通信地址并输出。

```c
#include "stdio.h"
#include "string.h"
void main()
{
    char add[5][50];
    int i,j;
    for(i=0;i<5;i++)
        {
            printf("请输入第%d个学生家庭通信地址:\n",i+1);
            gets(add[i]);
        }
    printf("\n5个学生家庭通信地址如下:\n");
    for(i=0;i<5;i++)
        puts(add[i]);
}
```

程序运行结果如图5-20所示。

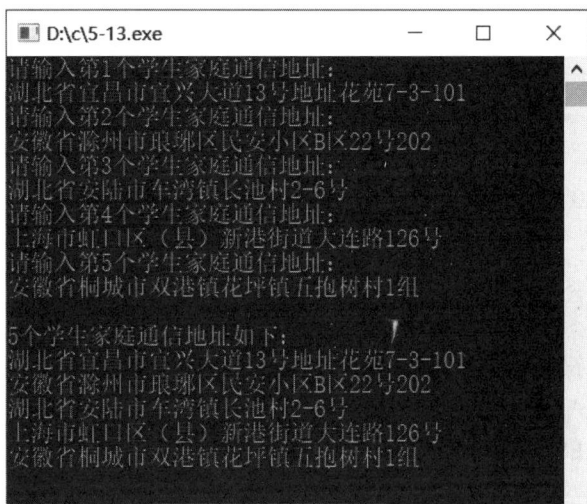

图5-20 例5.13程序运行结果

【任务8】 字符串"I 'm learning"和字符串"C language!"分别存放在两个数组中,现将两字符串连接在一起,并输出该字符串。

【算法分析】

① 定义字符数组 str1,str2,str3,并对 str1,str2 初始化。
② 把 str1 内容复制到数组 str3 中。
③ 把 str2 内容复制到数组 str3 存放的字符串后面。
④ 输出字符串。

【代码】

方法一:不使用字符串函数

```
#include "stdio.h"
void main()
{
    char c,str1[]="I'm learning",str2[]=" C language!",str3[25];
    int i=0,j=0;
    while((c=str1[i])!='\0')
        {
            str3[i]=str1[i];
            i++;
        }
    while((c=str2[j])!='\0')
        {
            str3[i]=str2[j];
            i++;
            j++;
        }
    str3[++i]='\0';
    printf("\n两个字符串合并后为:\n");
    printf("%s",str3);
}
```

方法二:使用字符串函数

```
#include "stdio.h"
#include "string.h"
void main()
{
```

```
    char str1[25]="I'm learning",str2[]=" C language!";
    strcat(str1,str2);
    printf("\n两个字符串合并后为:\n");
    printf("%s",str1);
}
```

【知识点】

（1）头文件"string.h"

C语言函数库中提供一些字符串处理函数给用户使用,用户在需要调用这些与字符串处理有关的库函数时,必须在源程序文件中包含string.h头文件。

（2）字符串处理函数

1）strcat(字符数组1,字符数组2)

功能:连接两个字符数组中的字符串,把字符串2接到字符串1的后面,结果放在字符串1中。函数调用后得到一个函数值:字符数组1的地址,如:

char str1[13]= "How are",str[2]="you!";

strcat(str1,str2);

printf("%s",str1);

调用strcat(str1,str2)前,字符数组str1内存存放内容为:

C[0]	C[1]	C[2]	C[3]	C[4]	C[5]	C[6]	C[7]	C[8]	C[9]	C[10]	C[11]	C[12]
H	o	w	␣	a	r	e	\0	\0	\0	\0	\0	\0

调用strcat(str1,str2)前,字符数组str2内存存放内容为:

C[0]	C[1]	C[2]	C[3]	C[4]	C[5]
␣	y	o	u	!	\0

调用strcat(str1,str2)后,字符数组str1内存存放内容为:

C[0]	C[1]	C[2]	C[3]	C[4]	C[5]	C[6]	C[7]	C[8]	C[9]	C[10]	C[11]	C[12]
H	o	w	␣	a	r	e	␣	y	o	u	!	\0

调用printf("%s",str1);后,输出的结果是:

How are you!

说明:

① 字符数组1必须足够大,以便容纳连接后的新字符串。

② 连接前两个字符串的后面都有一个'\0',连接时将字符串1后面的'\0'取消,只在新串最后面保留一个'\0'。

2)strcpy(字符数组1,字符串2)

功能：将字符串2复制到字符串1中去。如：

char str1[10],str2[]="abcde";

strcpy(str1,str2);

printf("%s",str1);

输出结果为：

abcde

说明：

① 字符数组1长度应足够大，以便容纳被复制的字符串；字符数组1的长度要大于字符串2的长度。

② 函数的第2个参数可以是一个字符数组名，也可以是一个字符串常量。如：

strcpy(str1, "abcde");

③ 如果只想将字符串2的一部分字符复制到字符数组1中，可在strcpy()函数中增加一个参数，格式为：

strcpy(字符数组1,字符串2,长度m)

如：

char str1[10],str2[]="abcde";

strcpy(str1,str2,2);

printf("%s",str1);

输出结果为：ab

3)strcmp(字符串1,字符串2)

功能：比较字符串1和字符串2。

字符串比较规则是：将两个字符串从左向右逐个字符比较(按照ASCII码值)，直到出现不相等的字符或遇到字符'\0'为止。如果所有的字符都相等，则两个字符串相等。如果出现不相等的字符，则以第1个不相等的字符比较结果为准。

比较的结果由函数值带回：

① 如果字符串1=字符串2，函数值为0。

② 如果字符串1>字符串2，函数值为一正整数。

③ 如果字符串1<字符串2，函数值为一负整数。

如：

strcmp("abcd","ABCD");   //将返回一个正整数,因为'a'的值大于'A'的值

strcmp("ab5d","abcd");   //将返回一个负整数,因为'5'的值小于'c'的值

strcmpy("chain","chain"); //函数将返回0值

4)strlen(字符数组)

功能：返回字符串的实际长度,不包括'\0'在内。

如：

char str[]="How are you!";

```
printf("%d",strlen(str));
```
输出结果为：

12

5）strlwr(字符串)

功能：将字符串中大写字母换成小写字母。

6）strupr(字符串)

功能：将字符串中小写字母成小大写字母。

【例5.14】 已知两个字符串"I am a Chinese"和"diligent and brave"，把第2个字符串插到第1个字符串第7个字符之后，插入后字符串为"I am a diligent and brave Chinese"。

```
#include "stdio.h"
#include "string.h"
void main()
{
    char ch1[35]="I am a Chinese.",ch2[]="diligent and brave ";
    int i,j,len1,len2;
    len1=strlen(ch1);
    len2=strlen(ch2);
    printf("两个字符串为:\n");
    puts(ch1);
    puts(ch2);
    j=7;
    for(i=len2+7;i<len1+len2;i++)
        ch1[i]=ch1[j++];
    j=0;
    for(i=7;i<7+len2;i++)
        ch1[i]=ch2[j++];
    printf("把第2个字符串插到第一个字符串第7个字符之后为:\n");
    puts(ch1);
}
```
程序运行结果如图5-21所示。

图5-21 例5.14程序运行结果

【拓展知识】

（1）使用符号常量作为数组下标

数组在定义时,必须确定数组的下标,也就是说数组下标必须是常量,如:

int n=10;

int a[10]; //正确

int a[n]; //错误

如果在一个程序中要多处定义数组,这些数组大小相同,那么为了便于修改和避免出错,可以使用符号常量。

【例5.15】 已知一个班部分学生成绩及个人信息如下,请用数组存放信息,并输出计算机成绩在80分以上的同学的学号、姓名、家庭住址及手机号。

表一 学生成绩表

学号	姓名	性别	英语	高等数学	计算机	大学语文	思想品德	总分
201403001	胡开	男	70	86	91	85	87	419
201403002	许祥林	男	98	76	84	70	71	399
201403003	刘龙	男	56	75	97	95	88	411
201403004	陈丹	女	92	81	96	85	81	435
201403005	张小妹	女	70	86	73	80	97	406
201403006	杜山	男	76	86	56	93	77	388
201403007	杨忠	男	74	79	76	72	93	394
201403008	闫花	女	90	86	90	97	83	446
201403009	窦海涛	男	98	72	79	91	81	421
201403010	赵一敏	女	75	77	71	92	90	405

表二　学生信息表

学号	姓名	性别	宿舍号	家庭住址	家长电话	个人电话
201403001	胡开	男	8#—315	湖北省xxxxxx花苑7-3-101	130xxxx5623	130xxxx6521
201403002	许祥林	男	8#—315	安徽省xxxxxx 22号202	135xxxx1851	139xxxx8745
201403003	刘龙	男	8#—316	湖北省xxxxxx2-6号	136xxxx5448	132xxxx6452
201403004	陈丹	女	10#—214	上海市xxxxxx126号	159xxxx0012	186xxxx6589
201403005	张小妹	女	10#—214	安徽省xxxxxx树村1组	158xxxx6555	131xxxx3452
201403006	杜山	男	8#—316	湖南省xxxxxx龙村3组	150xxxx6658	136xxxx0124
201403007	杨忠	男	8#—316	黑龙江省xxxxxx桥村3号	139xxxx3265	183xxxx8556
201403008	闫花	女	10#—215	武汉市xxxxxx1024室	186xxxx5895	155xxxx3210
201403009	窦海涛	男	8#—315	江苏省xxxxxx9号	189xxxx5565	136xxxx6451
201403010	赵一敏	女	10#—215	北京市xxxxxx46号	158xxxx6458	135xxxx7478

【算法分析】

① 分别定义13个数组,并对数组进行初始化,保存学生所有信息。
② 利用循环,把计算机成绩在80分以上学生的相关信息输出。

【代码】

```
#include "stdio.h"
#define N 10     //定义符号常量
void main()
{
    char  stuid[N][10]={"201403001","201403002","201403003","201403004",
"201403005", "201403006", "201403007","201403008","201403009","201403010"};
    char name[N][8]={"胡开","许祥林","刘龙","陈丹","张小妹","杜山","杨忠","闫花","窦
海涛","赵一敏"},sex[N][3]={"男","男","男","女","女","男","男","女","男","女"};
int  english[N]={70,98,56,92,70,76,74,90,98,75}, math[N]={86,76,75,81,86,86,79,86,72,
77}, compute[N]={91,84,97,96,73,56,76,90,79,71};
```

```
    int  chinese[N]={85,70,95,85,80,93,72,97,91,92}, poli[N]={87,71,88,81,97,77,93,83,
81,90}, score[N]={419,399,411,435,406,388,394,446,421,405};
    char  dorm[N][10]={"8# — 315","8# — 315","8# — 316","10# — 214","10# —
214","8# — 316","8# — 316","10# — 215","8# — 315","10# — 215"};
    char address[N][50]={"湖北省 xxxxxx 花苑 7-3-101","安徽省 xxxxxx22 号 202","湖
北省 xxxxxx2-6 号","上海市 xxxxxx126 号","安徽省 xxxxxx 树村 1 组","湖南省 xxxxxx 龙
村 3 组","黑龙江省 xxxxxx 桥村 3 号","武汉市 xxxxxx1024 室","江苏省 xxxxxx9 号","北
京市 xxxxxx46 号"};
    char   par_num[N][12]={"130xxxx5623","135xxxx1851",  "136xxxx5448",
"159xxxx0012",  "158xxxx6555",  "150xxxx6658","139xxxx3265", "186xxxx5895",
"189xxxx5565","158xxxx6458"},   stu_num[N][12]={"130xxxx6521","139xxxx8745",
"132xxxx6452","186xxxx6589","131xxxx3452","136xxxx0124","183xxxx8556",
"155xxxx3210","136xxxx6451","135xxxx7478"};
    int i,j;
    printf("\n学生成绩表为:\n");
    printf("\n 学号  姓名 性别 英语 高等数学 计算机 大学语文 思想品德 总分\n");
    for(i=0;i<N;i++)
        printf("%s %-6s %s %d %6d %6d %6d %6d  %5d\n",stuid[i], name[i],
sex[i] ,english[i],math[i],compute[i],chinese[i],poli[i],score[i]);
    printf("\n学生信息表为:\n");
    printf("\n 学号   姓名 性别 宿舍号   家庭住址   家长电话 个人电话\n");
    for(i=0;i<N;i++)
        printf("%s %-6s %s %s %-40s %s %s\n",stuid[i], name[i],sex[i], dorm[i],
address[i], par_num[i],stu_num[i]);
    printf("\n学生计算机成绩在 80 分以上同学的学号,姓名,计算机成绩,家庭住址
及手机号为:\n");
    printf("\n 学号   姓名 计算机成绩   家庭住址     个人电话\n");
    for(i=0;i<N;i++)
        if(compute[i]>=80)
    printf("% s  % –6s  % 6d  % –40s  % s\n", stuid[i], name[i], compute[i], address[i],
stu_num[i]);
    }
```

输出结果如图 5-22 所示。

学号	姓名	性别	英语	高等数学	计算机	大学语文	思想品德	总分
201403001	胡开	男	70	86	91	85	87	419
201403002	许祥林	男	98	76	84	70	71	399
201403003	刘龙	男	56	75	97	95	88	411
201403004	陈丹	女	92	81	96	85	81	435
201403005	张小妹	女	70	86	73	80	97	406
201403006	杜山	男	76	86	56	93	77	388
201403007	杨忠	男	74	79	76	72	93	394
201403008	闫花	女	90	86	90	97	83	446
201403009	窦海涛	男	98	72	79	91	81	421
201403010	赵一敏	女	75	77	71	92	90	405

学生信息表为:

学号	姓名	性别	宿舍号	家庭住址	家长电话	个人电话
201403001	胡开	男	8#-315	湖北省XXXXXX花苑7-3-101	130xxxx5623	130xxxx6521
201403002	许祥林	男	8#-315	安徽省XXXXXX 22号202	135xxxx1851	139xxxx8745
201403003	刘龙	男	8#-316	湖北省XXXXXX 2-6号	136xxxx5448	132xxxx6452
201403004	陈丹	女	10#-214	上海市XXXXXX126号	159xxxx0012	186xxxx6589
201403005	张小妹	女	10#-214	安徽省XXXXXX树村1组	158xxxx6555	131xxxx3452
201403006	杜山	男	8#-316	湖南省XXXXXX 龙村3组	150xxxx6658	136xxxx0124
201403007	杨忠	男	8#-316	黑龙江省XXXXXX桥村3号	139xxxx3265	183xxxx8556
201403008	闫花	女	10#-215	武汉市XXXXXX1024室	186xxxx5895	155xxxx3210
201403009	窦海涛	男	8#-315	江苏省XXXXXX 9号	189xxxx5565	136xxxx6451
201403010	赵一敏	女	10#-215	北京市XXXXXX 46号	158xxxx6458	135xxxx7478

学生计算机成绩在80分以上同学的学号,姓名,计算机成绩,家庭住址及手机号为:

学号	姓名	计算机成绩	家庭住址	个人电话
201403001	胡开	91	湖北省XXXXXX花苑7-3-101	130xxxx6521
201403002	许祥林	84	安徽省XXXXXX 22号202	139xxxx8745
201403003	刘龙	97	湖北省XXXXXX 2-6号	132xxxx6452
201403004	陈丹	96	上海市XXXXXX126号	186xxxx6589
201403008	闫花	90	武汉市XXXXXX1024室	155xxxx3210

图5-22 例5.15程序运行结果

(2)静态数组与动态数组

本章定义的数组都是静态数组,所谓静态数组就是指在定义时长度就已经确定的数组。在定义时,C语言系统就在内存中按所定义的数组类型大小及元素个数分配一段连续的存储空间给数组,如:

int a[5];

内存中分配空间如图5-23所示。

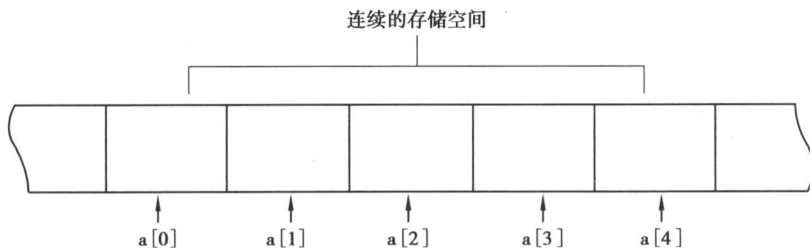

连续的存储空间

a[0]　　　a[1]　　　a[2]　　　a[3]　　　a[4]

图5-23　内存中分配空间

其中数组名a是数组的地址。

动态数组是数组长度不确定的数组,数组可以根据程序需要即时分配空间给数组。动态数组是指在声明时没有确定数组大小的数组,即忽略方括号中的下标;当要用它时,可随时用malloc语句重新指出数组的大小。使用动态数组的优点是可以根据用户需要,有效利用存储空间。

技能实训

技能实训一　一维数组和二维数组

【实训1】　阅读下列程序,写出输入1 2 3 4 5后运行结果,并分析原因。

源程序	运行结果及分析
```c#include<stdio.h>void main(){ int i,a[5]; printf("请输入数组元素的值:\n"); for(i=0;i<5;i++) scanf("%d",&a[i]); for(i=4;i>=0;i--) printf("%d\t",a[i]);}```	

【实训2】　阅读分析下列程序,并回答题后的问题。

【代码】

```c
void main()
{
        int i=0,a[10]={12,23,8,67,34,65,57,98,21,25},m;
        m=a[0];
        for(i=1;i<10;i++)
            if(a[i]>m)
            m=a[i];
            printf ("m=%d\n", m);
}
```

①此程序实现的功能为:＿＿＿＿＿＿＿＿＿＿。

②预测此程序的输出结果为:＿＿＿＿＿＿＿＿＿＿。

③程序运行后的结果为:＿＿＿＿＿＿＿＿＿＿。

【实训3】　从键盘输入10个整数存入数组并求该10个数之和,请输入并运行源程序,找出程序的错误所在,记录下来并分析改正。

源程序	修改后的程序

#define N 10
void main()
{
    int i,a[N],sum=0;
    printf("请输入10个整数:\n");
    for(i=1;i<=N;i++)
        {
            scanf("%d",&a[i];
            sum=sum+a[i];
        }
        printf("sum=%d",sum);
}	

错误提示	原因分析

【实训4】 阅读分析下列程序，并回答题后的问题。

【代码】

```c
#include<stdio.h>
main()
{
    int i,j,p,t,a[8]={12,9,23,15,65,46,98,37};
    printf("数组为:\n");
    for(i=0;i<8;i++)
        printf("%4d",a[i]);
    for(j=0;j<7;j++)
        {
            p=j;
    for(i=j;i<8;i++)
        {
            if(a[i]<a[p])
                {
                    t=a[p];a[p]=a[i];a[i]=t;
                }
        }
    }
}
```

```
        printf("\n\n");
        for(i=0;i<8;i++)
            printf("%4d",a[i]);
}
```

① 此程序预测结果为:_____;程序运行后的结果为:_____。

② 程序的功能是:_____。

③ 如果要使程序数据从大到小输出,程序应该做何修改?

_____

_____

【实训5】 以下程序是从键盘上输入10个整数中的所有偶数之和输出。请将下列程序补充完整,并上机调试运行出结果。

源程序	运行结果
```#include<stdio.h>void main(){ int i,sum=0,a[10]; printf("请输入10个整数:\n"); for(i=0;i<10;i++) {scanf("%d",&a[i]); if(____) sum=___; } printf("该数组中偶数之和为:\n"); printf("sum=%d",sum);}```	

【实训6】 阅读分析下列程序,并回答题后的问题。

【代码】

```
#include<stdio.h>
void main()
{
    int i,j;
    int a[3][4]={{1,2,3,4},{5,6,7,8},{9,10,11,12}};
    for(i=0;i<3;i++)
        for(j=0;j<4;j++)
            printf("%3d",a[i][j]);
}
```

① 程序运行的结果为:_____。

② 如果要按行列式方式输出该数组,应该怎样修改程序:

_____

_____

【实训7】 以下程序的功能是将一个4×4的二维数组输出,并找出其最大值。请将下列程序补充完整,并上机调试运行出结果。

源程序	运行结果
| ```c
#include <stdio.h>
void main()
{
    int i,j,max;
    int a[4][4]={{4,14,52,61},{32,15,78,98},{123,52,34,60},
    {9,5,28,43}};
    printf("该二维数组为:\n");
    max=a[0][0];
    for(i=0;i<4;i++)
        {
            for(j=0;j<4;j++)
                {
                    printf("%5d",a[i][j]);
                    if(____)  max=___;
                }
            printf("\n");
        }
    printf("该数组中最大的数为:%d.",max);
}
``` | |

【实训8】 以下程序的功能是输入7个整数,找出最大数和最小数所在的位置,并把二者对调,然后输出调整后的7个数,请完成程序并运行。

【代码】
```c
#include <stdio.h>
void main()
{
    int i=0,j=0,k,max,min,a[7];
    printf("请输入7个整数:\n");
    for(i=0;i<7;i++)
        scanf("%d",&a[i]);
    min=a[0];
    for(i=1;i<7;i++)
```
```

```
            if(a[i]<min) {min=a[i];_____;}
        max=a[0];
        for(i=1;i<7;i++)
            if(a[i]>max) {max=a[i];_____;}
        printf("j=%d,k=%d",j,j);
        _____;
        _____;
        printf("\n该数组中最小数是:%d\n",min);
        printf("\n该数组中最大数是:%d\n",max);
        printf("该数组调整后为:\n");
        for(i=0;i<7;i++)
            printf("%5d",a[i]);
}
```

【**实训9**】 下列程序是将二维数组a的行元素和列元素互换后存到另一个二维数组b中。请将下列程序补充完整，并上机调试运行出结果。

源程序	运行结果

void main()
{
    int a[3][4]={{1,2,3,4},{5,6,7,8},{9,10,11,12}};
    int i,j,b[4][3];
    printf("数组a:\n");
    for(i=0;i<3;i++)
        {
            for(j=0;___;j++)
                {
                    printf("%5d",a[i][j]);
                    _____;
                }
        printf("\n");
    }
    printf("数组b:\n");
    for(i=0;___;i++)
        {for(j=0;j<3;j++)
            printf("%5d",b[i][j]);
        printf("\n");}
}	

【实训10】 编程:从键盘输入10个整数,并进行排序,再从键盘中输入要查找的数,在之前输入的10个数中进行查找,如果找到,则指出在第几位,如果没有找到,则插入该序列中,插入后继续保持有序。

技能实训二 字符数组

【实训11】 输入并运行下列程序,观察程序的运行结果,并写出程序所实现的功能。

源程序	运行结果及功能
```#include "stdio.h"#include "string.h"void main(){ int i; char ch[]="computer"; for(i=0;ch[i]!='\0';i++) putchar(ch[i]); printf("\n");}```	

【实训12】 阅读分析下列程序,并回答题后的问题。

【代码】

```
#include "stdio.h"
#include "string.h"
void main()
{
    int i;
    char ch1[20],ch2[20],ch3[20];
    printf("请输入2个字符串:(以回车键结束)\n");
    gets(ch1);
    gets(ch2);
    if(strcmp(ch1,ch2))
        strcpy(ch3,ch1);
    else
        strcpy(ch3,ch2);
    printf("\n");
    puts(ch3);
}
```

① 此程序实现的功能为：_____。

② 预测此程序的输出结果为：_____。

③ 程序运行后的结果为：_____。

【实训13】 请输入并运行源程序，根据错误提示修改程序，找出程序的错误所在，记录下来并分析改正。

源程序	修改后程序

``void main()
{
    char c[20]={'I',' ','a','m',' ','a',' ','s','t','u','d','e','n','t','.'};
    int i;
    for(i=0;i<=20;i++)
        printf("%s",c[i]);
    printf("\n");
}}```	

错误提示	**原因分析**

【实训14】 阅读分析下列程序，并回答题后的问题。

【代码】

```
#include "stdio.h"
#include "string.h"
void main()
{
    int i=0,j=0;
    char  ch[]="C language is a programming language.";
    while(ch[i]!='\0')
        {
        j=i;
        if(ch[i]==' ')
            while(ch[j]!='\0')
                {
                    ch[j]=ch[j+1];
                    j++;}
            i++;
            }
```

```
        printf("\n");
        puts(ch);
}
```

① 此程序预测结果为_____;程序运行后的结果为:_____

_____。

② 程序的功能是:_____。

【实训15】 将程序补充完整,输入字符串"a12b34cdef56gh",写出运行结果。

源程序	运行结果
```#include<stdio.h>#include<string.h>void main(){ char s[100],b[100]; int i,j; gets(s); for(i=j=0;s[i]!='\0';i++) if(s[i]>='0' && s[i]<='9') {b[j]=s[i];j++;} b[j]='\0'; puts(b);}```	

【实训16】 阅读分析下列程序,并回答题后的问题。

【代码】

```
#include<stdio.h>
#include<string.h>
void main()
{
    char ch[100],c;
    int i=0,len;
    gets(ch);
    len=strlen(ch);
    for(i=0;i<len/2;i++)
        {
            c=ch[i];
            ch[i]=ch[len-1-i];
            ch[len-1-i]=c;
        }
    printf("\n");
```

```
        puts(ch);
    }
```

① 输入"abccedf",程序运行的结果为：_____。

② 程序实现的功能是：_____。

【实训17】 以下程序的功能是删除字符数组中所有非英文字母,组成新的字符串输出,请将下列程序补充完整,并上机调试运行出结果。

源程序	运行结果
``#include<stdio.h>
#include<string.h>
void main()
{
char ch[100],c;
int i=0,j;
gets(ch);
while(ch[i]!='\0')
{
_____;
if(!((ch[i]>='A' && ch[j]<='Z')||(ch[i]>='a' && ch[j]<='z')))
while(ch[j]!='\0')
{
_____;
j++;
}
if((ch[i]>='A' && ch[j]<='Z')||(ch[i]>='a' && ch[j]<='z')) i++;
}
printf("\n");
puts(ch);
}```	

【实训18】 以下程序的功能是从键盘输入一字符串a,并在a中的最大元素后插入字符串b("ab"),完成程序。

【代码】

```
#include<stdio.h>
#include<string.h>
void main()
{
    char a[100],b[ ]="ab",max;
    int i=1,j;
    printf("请输入一串字符:\n");
    gets(a);
    puts(a);
```

```
        max=___;
        while(a[i]!='\0')
            {
                  if(a[i]>max)
                        {max=a[i];j=i;}
                              ___;
            }
        for(i=strlen(a)+2;i>j;i——)
            a[i]=a[i−2];
        a[i+1]=b[0];
        a[i+2]=__;
        puts(a);
}
```

【实训19】 该程序功能:输入密码,如果正确,显示正确提示;如果不正确,允许输入3次,3次不正确,退出。请将下列程序补充完整,并上机调试运行出结果。

源程序	运行结果

`#include<stdio.h>`
`#include<string.h>`
`void main()`
`{`
`    char password[]="admin",ch[20];`
`    int i=1,j;`
`    while(1)`
`    {`
`        printf("请输入密码:\n");`
`        gets(ch);`
`        if(_____)`
`            { printf("密码输入正确! 欢迎进入! \n");`
`            break;}`
`        else`
`            { printf("密码输入不正确! 请重新输入! \n");`
`                i++;`
`                if(___) break;`
`                ___;}`
`    }`
`}`	

【**实训20**】 编程:从键盘输入两个字符串a和b,将a和b中前5个字符连接起来组成新字符串c,并且新字符串要按字符大小进行排列。如果a或b的长度小于5,则把所有元素连接到新字符串即可。

单元5
课后习题

知识归纳图表

知识回顾
（绘制本单元知识关系图）

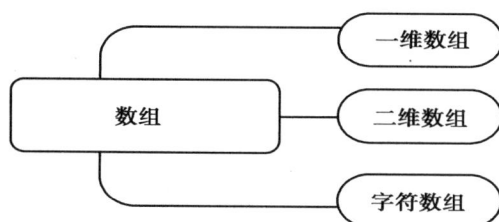

```
                          ┌──────────┐
                 ┌────────│ 一维数组 │
   ┌──────────┐  │        └──────────┘
   │          │  │        ┌──────────┐
   │   数组   │──┼────────│ 二维数组 │
   │          │  │        └──────────┘
   └──────────┘  │        ┌──────────┐
                 └────────│ 字符数组 │
                          └──────────┘
```

思考总结

单元6 函 数

知识目标

① 掌握函数的定义、函数的调用方法。

② 掌握无参函数、有参函数的使用。

③ 掌握函数的嵌套调用、递归调用及数组作为函数参数。

能力目标

① 懂得为什么要使用函数,使用函数的优点是什么。

② 具有应用函数进行模块化程序设计的能力。

素质目标

① 培养学生利用函数编写程序的职业素养。

② 通过函数的嵌套调用,培养学生团队合作开发的职业素养。

③ 培养学生积极向上的价值观。

学习计划表

<table>
<tr><td colspan="2">项目</td><td>函数的定义及调用</td><td>函数的嵌套调用及递归调用</td><td>数组作为函数参数</td></tr>
<tr><td rowspan="2">课前预习</td><td>预习时间</td><td></td><td></td><td></td></tr>
<tr><td>预习结果</td><td>1. 难易程度
○偏易(即读即懂)   ○适中(需要思考)
○偏难(需查资料)   ○难(不明白)
2. 疑点问题</td><td></td><td></td></tr>
<tr><td rowspan="2">课后复习</td><td>复习时间</td><td></td><td></td><td></td></tr>
<tr><td>复习结果</td><td>1.掌握程度
○了解   ○熟悉   ○掌握   ○精通
2.重点、难点归纳</td><td></td><td></td></tr>
</table>

引导案例

团队合作开发

案例描述

有 3 个学生 A、B、C 合力完成下面一个问题：输出如下所示图形。

****

青年不负韶华，青春方能无悔！

****

案例分析

一个较大的程序一般应分为若干个子程序模块，每个模块用来实现一个特定的功能。在 C 语言中，子程序的作用是由函数完成的。一个 C 程序可由一个主函数和若干个子函数构成。由主函数 main() 调用其他函数，其他函数也可以互相调用。同一个函数可以被一个或多个函数调用任意多次。

B 学生所做的是输出一排"*"号的函数。C 学生所做的是输出一行信息"青年不负韶华，青春方能无悔！"的函数。A 学生所做的是主函数 main()，A 根据最终要输出的图形样式，合理调用 B 和 C 所做的函数即可。一次愉快的团队合作开发就体验完成了！

案例实现

引导案例

6.1　函数的定义及调用

【任务1】　使用函数调用的方式输出 5 行 10 列星号。

【算法分析】

① 定义一个名为 printstar 的无参函数且函数无返回值。
② 在 main 函数中调用 printstar 函数。

方法一：主函数在前

【代码】

```
#include "stdio.h"
void printstar();    //函数声明语句
```

```
void main()
{
    for(int i=1;i<=5;i++)
        {
            printstar();  //调用无参函数printstar
        }
}
void printstar()    //定义无参函数printstar,函数无返回值
{
    printf("**********\n");
}
```

方法二:主函数在后

【代码】

```
#include "stdio.h"
void printstar()    //定义无参函数printstar,函数无返回值
{
    printf("**********\n");
}
//不论main函数出现在什么位置,程序总是从main函数开始执行
void main()
{
    for(int i=1;i<=5;i++)
        {
            printstar();  //调用无参函数printstar
        }
}
```

程序运行结果如图6-1所示。

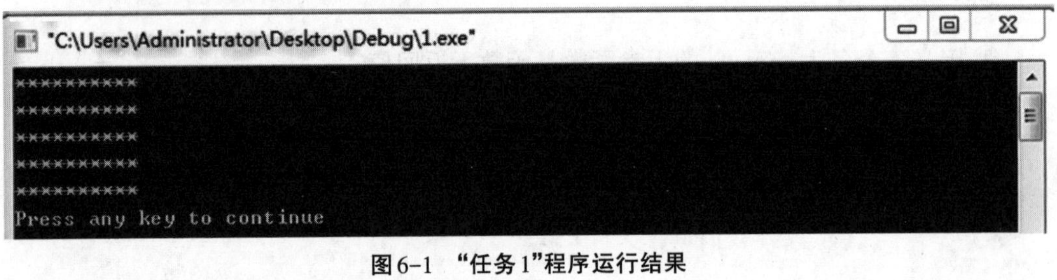

图6-1 "任务1"程序运行结果

【任务2】 使用有参函数计算长方形的面积。

【算法分析】

① 定义一个名为area的有参函数,该函数的功能是计算长方形的面积,并将计算结果通过return语句返回。

② 在main函数中调用area函数,将实参传递给形参,并接收函数的返回值,将最终结果打印输出。

【代码】

```
#include "stdio.h"
float area(float x,float y)      //定义有参函数area,函数返回值为float类型
{
    float z;
    z=x*y;
    return z;                //将计算结果通过return语句带回
}
void main()
{
    float x,y,s;
    printf("请输入长方形的长和宽:");
    scanf("%f,%f",&x,&y);
    s=area(x,y);      //调用有参函数area,将实参传递给形参,并接收函数的返回值
    printf("长方形的面积是:%.2f\n",s);
}
```

程序运行结果如图6-2所示。

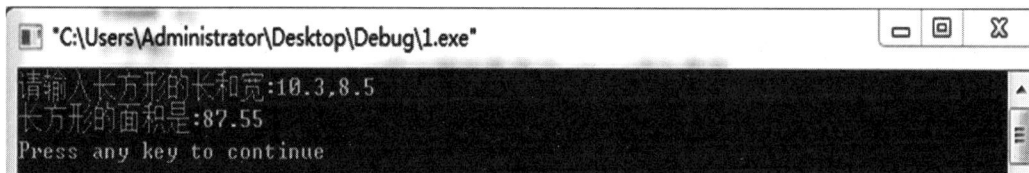

图6-2 "任务2"程序运行结果

【知识点】

(1)函数概述

在解决复杂问题时,可以将大问题分解成若干个简单的小问题,以降低解决问题的复杂度。

C语言中就利用函数来完成各个小问题的功能。

函数从用户使用的角度来看,有两种类型:

1)标准函数

标准函数即库函数,是由系统提供的已设计好的函数,用户可直接调用。标准函数主要包括数学函数、输入输出函数等。

2)用户自定义函数

用户自定义函数是由用户根据具体问题而自己定义的函数。从函数的形式上来看,用户自定义函数又可分为无参函数和有参函数。

（2）函数的定义

函数定义的一般形式为:

函数类型　函数名(形式参数列表)　　　函数首部
{
　　　变量说明部分　　　　　　　　　　函数体
　　　执行部分
}

说明:

① 函数类型用来说明该函数返回值的类型,如果没有返回值,则其类型说明符为"void",即空类型。

② 函数名必须是一个合法的标识符,与变量的命名规则相同,且不能与其他函数或变量重名。

③ 形式参数是各种类型的变量,形式参数可有可无。如果有,各参数之间用逗号间隔;如果无,则此函数为无参函数。

④ 函数体包括两部分,变量说明部分通常用来定义在函数体中使用的变量、数组等,执行部分是函数功能的实现,通常由可执行语句构成。

⑤ 当函数需要返回一个确定的值时,须通过" return 表达式;"语句来实现,其中表达式就是函数的返回值。

（3）函数的声明

同变量一样,函数的调用也遵循"先声明,后使用"的原则。

① 调用库函数时,一般需要在程序的开头用"#include"命令,例如:#include "string.h"。

② 调用用户自己定义的函数,而且该函数与主调函数在同一个程序中,一般应该在主调函数中对被调用的函数作声明。

函数声明的一般形式有两种,例如:

int max(int x,int y);

int max(int,int);

注意:被调函数定义在主调函数之前时,对被调函数的声明可以省去(如任务1中的方法二)。被调函数的返回值类型是整型或字符型时,对被调函数的声明可以省去。

（4）函数的调用

定义一个函数,为了使用,只有在程序中调用该函数时才能执行它的功能。

函数调用的一般形式:

函数名(实际参数列表);

说明:如果为无参函数,则无实际参数列表,但括号不能省略。

（5）形式参数和实际参数

形式参数简称形参,形参是函数定义时函数名后括号中的变量。实际参数简称实参,实参是指调用函数时函数名后括号中的常量、变量或表达式。实参将值一一对应传递给形参,即所谓的单向值传递(当然也可以按地址传递,本章中"任务5"将详细介绍)。

（6）函数的返回值

函数调用之后的结果称为函数的返回值,通过 return 语句来实现的。

函数的返回语句格式为:

return 表达式;

说明:

① 函数的返回值只能有一个。

② 当函数定义时的类型与返回值中的表达式类型不一致时,系统将函数返回语句中的表达式的类型转换为函数定义时的类型。

6.2　函数的嵌套调用及递归调用

【任务3】　求 Cmn=m!/(n!(m−n)!),要求用函数的嵌套方式完成。

【算法分析】

假设有 3 人参加编程,C 负责计算 jc(k),B 向 C 要 jc(k),然后计算 Cmn;A 负责输入 m、n 两个数,然后直接问 B 要 Cmn 的结果。这个程序就是 A 要调用 B,而 B 要调用 C,所以就称为函数的嵌套。

【代码】

```c
#include "stdio.h"
/*c 的程序为:*/
int jc(int k)
{
    int i;
    int t=1;
    for(i=1;i<=k;i++)
        t=t*i;
```

```
        return t;
}
/*B的程序为:*/
int cmn(int m,int n)
{
        int z;
        z= jc(m)/(jc(n)*jc(m-n));
        return z;
}
/*A的程序为:*/
void main()
{
        int m,n,c;
        printf("请输入 m,n 的值:");
        scanf("%d,%d",&m,&n);
        c=cmn(m,n);
        printf("Cmn 的值为%d\n",c);
}
```

程序运行结果如图6-3所示。

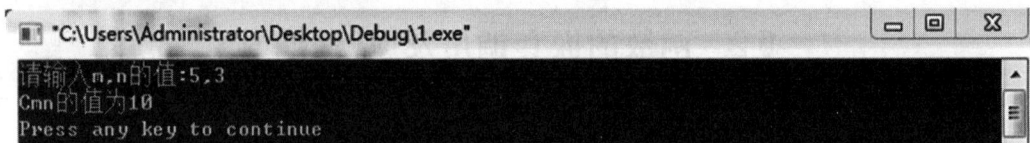

图6-3 "任务3"程序运行结果

【任务4】 猜年龄。5个小朋友排着队做游戏。第1个小朋友3岁,其余的年龄一个比一个大2岁,问第5个小朋友的年龄是多大?

【算法分析】

要知道第5个小朋友的年龄,则一定要知道第4个小朋友的年龄;要知道第4个小朋友的年龄,则一定要知道第3个小朋友的年龄;要知道第3个小朋友的年龄,则一定要知道第2个小朋友的年龄;要知道第2个小朋友的年龄,则一定要知道第1个小朋友的年龄;而第一个小朋友的年龄是已知的,是3岁,这样倒推就能知道第5个小朋友的年龄。若用age(n)表示第n个小朋友的年龄,则有公式:

$$age(n) = \begin{cases} 3(n = 1) \\ age(n - 1) + 2)(n > 1) \end{cases}$$

【代码】

```c
#include "stdio.h"
int age( int  n )
{
    int c;
    if(n==1) {
        c=3;
    } else {
        c=age(n-1)+2;
    }
        return c;
}
void main()
{
    printf("第五个小朋友的年龄为%d\n",age(5));
}
```

程序运行结果如图6-4所示。

```
"C:\Users\Administrator\Desktop\Debug\1.exe"
第五个小朋友的年龄为11
Press any key to continue
```

图6-4　"任务4"程序运行结果

【任务5】　用函数的递归求5的阶乘。

【算法分析】

要知道5的阶乘,则一定要知道第4的阶乘;要知道第4的阶乘,则一定要知道3的阶乘;要知道3的阶乘,则一定要知道2的阶乘;要知道2的阶乘,则一定要知道1的阶乘;要知道1的阶乘,则一定要知道0的阶乘;而0的阶乘是已知的,等于0,这样倒推就能知道5的阶乘了。若用jc(n)表示n的阶乘,则有公式:

$$jc(n) = \begin{cases} 1(n = 0) \\ n*jc(n - 1)(n > 0) \end{cases}$$

【代码】

```c
#include "stdio.h"
int jc(int n)
{
```

```
        int c;
        if(n==0) {
            c=1;
        }else{
            c=n*jc(n-1);
        }
        return c;
    }
    void main()
    {
        printf("5的阶乘是%d\n",jc(5));
    }
```

程序运行结果如图6-5所示。

图6-5 "任务5"程序运行结果

【知识点】

（1）函数的嵌套调用

嵌套调用的定义：在调用一个函数的过程中，可以再调用一个函数。

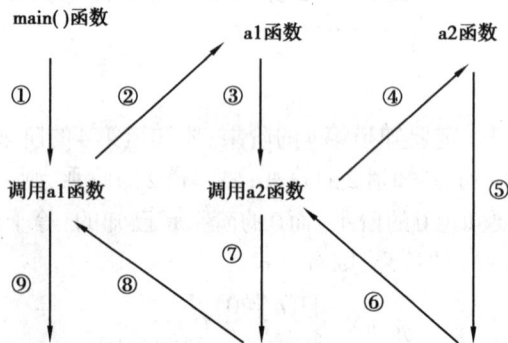

执行main()函数中调用a1函数时，即转去执行a1函数；在a1函数中调用a2函数时，又去执行a2函数；a2函数执行完毕返回a1函数断点继续执行；a1函数执行完毕返回main函数的断点继续执行，直至程序执行结束。

（2）函数的递归调用

函数的递归调用就是在调用一个函数的过程中，又出现直接或间接地调用该函数本身。C语言的特点之一就在于允许函数的递归调用。

递归调用的特点:执行"未知→未知→……递归边界条件已知→已知→已知"的过程。

用递归方法解题的条件:

① 所求解的问题能转化为用同一方法解决的子问题。

② 子问题的规模比原问题的规模小。

③ 必须要有递归结束条件,停止递归,否则形成无穷递归,系统无法实现。

6.3 数组作为函数参数

【任务6】 有两个学生A、B合力完成下面一个问题:求10个学生的平均成绩。他们的分工是这样的:B完成10个数的平均值,不负责数据的输入;A完成10个数的输入,然后问B要10个数的平均值后输出。

【算法分析】

B所做的是求平均值的average( )函数:已经有10个数了,放在数组a[10]中,现在只要将这10个数相加后除以10,然后将结果交给A就行了。A所做的是主函数main():输入10个数,并将其放在数组中,调用B所做的函数,将输入的10个数传递给B,然后接过B的结果,并将其输出。

【代码】

```
#include "stdio.h"
/*B所完成的程序*/
float average(int b[10])     //b[10]表示从A中拿到的10个数
{
    int i,s;
    float avg;
    s=0;
    for(i=0;i<10;i++)
    s=s+b[i];                //将10个数相加
    avg=s/10.0;
    return avg;              //结果交给对方
}
/*A所完成的程序*/
void main()
{
    int i,a[10];          //定义10个数,将存放10个数据
```

```
        float avg;
        printf("请输入10个同学的成绩:\n");
        for(i=0;i<10;i++)
        scanf("%d",&a[i]);          //输入10个数据
        /*调用average()函数,将数组名a作为函数的参数进行传递*/
        avg=average(a);
        printf("这些同学的平均分为%.1f\n",avg);
}
```

程序运行结果如图6-6所示。

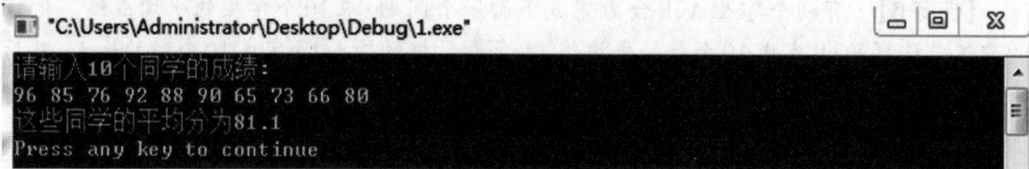

```
■ "C:\Users\Administrator\Desktop\Debug\1.exe"
请输入10个同学的成绩:
96 85 76 92 88 90 65 73 66 80
这些同学的平均分为81.1
Press any key to continue
```

图6-6 "任务6"程序运行结果

【知识点】

（1）数组作为函数的参数

使用数组名作为函数参数时,实参与形参都应使用数组名。当数组名作为函数实参时,不是把数组的值传递给形参,而是把实参数组的起始地址传递给形参数组,实参和形参的地址是相同的,即当形参的值发生变化时,实参的值也发生了变化。

"任务6"注意事项:

① 数组名作为函数参数,应该在主调函数和被调函数中分别定义数组,如上面程序中的b是形参数组,a是实参数组,分别在其所在的函数中定义。

② 实参数组与形参数组类型应当相同,如果不同,将会出错,如上面程序中的形参数组b是整型,实参数组a也是整型。

③ 实参数组与形参数组大小可以不同也可以相同,C语言编译器对形参数组大小不做检查,只是将实参数组的首地址传递给形参数组。如上面程序中的"float average(int b[10])"改为"float average(int b[5])",并不影响程序的正常运行,最后的结果也是相同的,甚至可以写成"float average(int b[ ])",即只要b是数组即可。

④ 形参数组也可不指定大小,或者在被调函数中另设一个参数,来传递数组的大小。如"任务6"中B所完成的程序可改为:

```
float average(int b[],int n)
{
        int i,s;
        float avg;
```

```
s=0;
for (i=0;i<n;i++)
s=s+b[i];
avg=(float)s/n;
return avg;
}
```

⑤ 形参数组与实参数组是占用同一个地址,所以是地址传递,即当形参的值发生变化时,实参的值也会跟着变化。

（2）局部变量和全局变量

1）局部变量

在函数和复合语句内定义的变量,称为局部变量或内部变量。局部变量只在本函数或复合语句范围(从定义点开始到函数或复合语句结束)内有效。在此函数或复合语句以外是不能使用这些变量的。

2）全局变量

在函数内定义的变量是局部变量,而在函数之外定义的变量称为外部变量,外部变量是全局变量(也称全程变量)。全局变量可以为本文件中其他函数所共用。它的有效范围为从定义变量的位置开始到本源文件结束。

例：

```
void main ( )
{    int a,b;                    //全局变量a和b
     …
     {int c;                     //局部变量c
     c=a+b;
                        c在此范围内有效        a,b在此范围内有效
     …
     }
     …
}
```

变量c只在复合语句(分程序)内有效,离开该复合语句该变量就无效,释放内存单元。变量a和b的有效范围从定义它们的位置开始到本源文件结束。

说明：

① 主函数中定义的变量也只在主函数中有效,主函数也不能使用其他函数中定义的变量。

② 不同函数可以使用相同名字的变量,它们代表不同的对象,互不干扰。

③ 形式参数也是局部变量。在函数中可以使用本函数定义的形参,在函数外不能引用它。

④ 在一个函数内部,可以在复合语句中定义变量,这些变量只在本复合语句中有效,这种复合语句也可称为"分程序"或"程序块"。

⑤ 在一个函数中既可以使用本函数中的局部变量,又可以使用有效的全局变量。打个通俗的比方:学校有统一的规章制度,各班还可以根据需要制定班级规章制度。在甲班,学校统一的规章制度和甲班的规章制度都是有效的,而在乙班,学校统一的规章制度和乙班的规章制度都是有效的。显然,甲班的规章制度在乙班无效,同样,乙班的规章制度在甲班也无效。

⑤ 如果在同一个源文件中,外部变量与局部变量同名,则在局部变量的作用范围内,外部变量被"屏蔽"了,它不起作用,此时局部变量是有效的,即"局部优先"的原则。

技能实训

【实训1】 阅读分析下列程序,并回答题后的问题。
【代码】

```
#include "stdio.h"
int f(int x,int y)
{
    int z;
    if(x>y) z=x;
    else z=y;
    return  z;
}
void main()
{
    int a,b,c;
    a=10;
    b=12;
    c=f(a,b);
    printf("%d",c);
}
```

① 此程序实现的功能为:_____。
② 预测此程序的输出结果为:_____。
③ 程序运行后的结果为:_____。

【实训2】 阅读分析下列程序,若输入的值是3和4,请回答题后的问题。

【代码】

```c
#include "stdio.h"
void swap(int a,int b)
{
    int t;
    t=a;a=b;b=t;
}
void main()
{
    int a,b;
    scanf("%d,%d",&a,&b);
    swap(a,b);
    printf("a=%d,b=%d\n",a,b);
}
```

①此程序预测结果为:_____;程序运行后的结果为:_____

_____。

②此程序的预期功能是交换两个整数的值,但根据程序运行后的结果发现并未达到此预期功能,请分析原因。

_____

_____

③如果要使程序运行结果为a=4,b=3,以你目前所学知识则程序应该如何修改?

_____

_____

【实训3】 阅读分析下列程序,并回答题后的问题。

【代码】

```c
#include "stdio.h"
int fun(int a,int b)
{
    int c;
    if(a>b){
    c=1;
    }else if(a==b){
```

```
            c=0;
        }else{
            c=-1;
        }
        return c;
}
void main()
{
        int i=10,j;
        j=fun(i,++i);
        printf("j=%d\n",j);
}
```

① 预测此程序的输出结果为：_____。

② 程序运行后的结果为：_____。

③ 通过分析此程序的运行结果，你总结出了哪些结论？

_____

_____

【实训4】　程序的功能是计算n的阶乘，阅读分析下列程序，并回答题后的问题。

【代码】

```
#include "stdio.h"
long jc(int k)
{
        int i;
        long t=1;
        for(i=1;i<=k;i++)
            _____;
        _____;
}
void main()
{
        int n;
        long t;
        scanf("%d",&n);
```

```
        t=_____;
        printf("%d!=%ld\n",n,t);
}
```

① 根据程序的功能,请将程序补充完整。

② 当输入的值是5时,程序运行后的结果为:_____。

③ 此程序为什么要将jc函数的类型及变量t的类型定义成long型,如果定义成int型,会出现问题吗?

_____

_____

【实训5】 阅读分析下列程序,并回答题后的问题。

【代码】

```
#include "stdio.h"
int jc(int n)
{
    int c;
    if(n==0) {
        c=1;
    }else{
        c=n*jc(n-1);
    }
    return c;
}
void main()
{
    printf("%d\n",jc(6));
}
```

① 此程序实现的功能为:_____。

② 此程序预测结果为:_____;

程序运行后的结果为:_____。

③ 此程序使用了函数的_____调用,递归结束的条件是_____。

【实训6】 请输入并运行源程序,根据错误提示修改程序,找出程序的错误所在,记录下来并分析改正。

源程序	修改后程序

``
#include "stdio.h"
void f(int b,int n)
{
    int i,r=1;
    for(i=0;i<=n;i++)
    {
        r=r*a[i];
 	
    }
    return r;
}
void main()
{
    int x,a[]={2,3,4,5,6,7,8,9};
    x=f(a,4);
    printf("%d\n",x);
}
``	

错误提示	原因分析

【实训7】 阅读分析下列程序,并回答题后的问题。

【代码】

```
#include "stdio.h"
int fun2(int m)
{
    return m*m*m;
}
long fun1(int n)
{
    int i;
    long s=0;
```

```
        for(i=1;i<=n;i++)
            {
                    s=s+fun2(i);
            }
                    return s;
    }
    void main()
    {
        int n;
        long s;
        scanf("%d",&n);
        s=fun1(n);
        printf("%ld\n",s);
    }
```

① 当输入的值是4时,程序运行后的结果为:_____。

② 此程序实现的功能为:_____。

③ main 函数调用了_____函数,在fun1 函数中又调用_____函数,所以此程序使用了函数的_____调用。

④ fun1 函数和fun2 函数的功能分别是什么?

_____

_____

【实训8】 某公司采用公用电话传递数据,数据是4位整数,在传递的过程中是加密的,加密规则如下:每位数字都加上5,然后用和除以10的余数代替该数字,再将第一位和第四位交换,第二位和第三位交换。阅读下列程序,请将程序补充完整。

【代码】

```
#include "stdio.h"
void jm(int b[])
{
    int i,j,t;
    for(i=0;i<4;i++)
        {
                _____;
        }
    for(i=0,j=3;i<j;i++,j--)
        {
                t=b[i];_____;b[j]=t;
        }
}
```

```
main()
{
    int a[4],i;
    printf("请为数组的各个元素赋初值:");
    for(i=0;i<4;i++)
        {
            scanf("%d",&a[i]);
        }
    _____;
    printf("加密后新的四位整数是:");
    for(i=0;i<4;i++)
        {
            printf("%d",a[i]);
        }
}
```

【实训9】 以下程序是求1—100中奇数的和。程序中有4处不合理,请更正。
【代码】

```
#include "stdio.h"
void sum()
{
    int j,s;
    for(j=1;j<=100;j++)
        {  s=s+j;  }
    return s;
}
main()
{
    int total;
    total=sum();
    printf("1到100中奇数的和为%f",total);
}
```

更正1:_____

更正2:_____

更正3:_____

更正4:_____

【实训10】 根据题意要求,编写程序并上机验证。

1. 编写函数:要求在主函数中输入一个整数,通过被调函数输出该数是正数、负数或是零的信息。

2. 用递归求 1+2+3+……+100 的和。

3. 一个班有10位同学参加了C语言考试,编写函数,统计出高于平均分的人数。要求主函数内输入10位同学的成绩,在被调函数中统计出高于平均分的人数,将统计的结果在主函数内输出。

单元6
课后习题

知识归纳图表

知识回顾
（绘制本单元知识关系图）

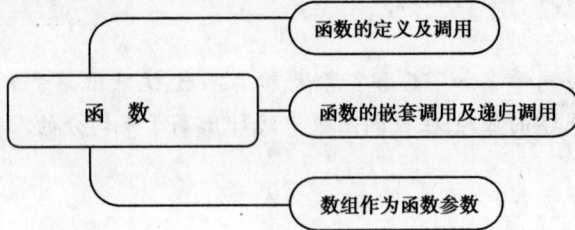

```
                                    ┌──────────────────┐
                          ┌─────────│  函数的定义及调用  │
                          │         └──────────────────┘
           ┌──────────┐   │         ┌────────────────────────┐
           │  函  数  │───┼─────────│ 函数的嵌套调用及递归调用 │
           └──────────┘   │         └────────────────────────┘
                          │         ┌──────────────────┐
                          └─────────│  数组作为函数参数  │
                                    └──────────────────┘
```

思考总结

单元7 指 针

知识目标

① 掌握指针的定义、初始化及使用规则。

② 掌握指向数组的指针的定义和使用方法。

③ 掌握指针作函数参数及指向字符串的指针的使用方法。

能力目标

① 懂得为什么指针是C语言的精华,是C语言的核心所在。

② 具有应用指针解决实际问题的能力。

素质目标

① 培养学生利用指针编写程序的职业素养。

② 通过指针程序易出错的特点,培养学生严谨的职业素养。

③ 培养学生积极向上的价值观。

学习计划表

项目		指针和指针变量	指向数组的指针	使用指针作为函数参数
课前预习	预习时间			
	预习结果	1. 难易程度 ○偏易(即读即懂)　　○适中(需要思考) ○偏难(需查资料)　　○难(不明白) 2. 疑点问题		
课后复习	复习时间			
	复习结果	1.掌握程度 ○了解　○熟悉　○掌握　○精通 2.重点、难点归纳		

引导案例

神奇的指针

案例描述

输入 a、b 两个整数,使用指针变量按从小到大的顺序输出这两个整数。

案例分析

指针是 C 语言中的一个重要概念,也是 C 语言的一个重要特色。每个使用 C 语言的人,都应当深入地学习和掌握指针。可以说,不掌握指针就是没有掌握 C 语言的精华。

笔者相信,上述案例大部分读者在之前的章节就有所接触,但这个案例其实还可以使用指针的方法来实现。当读者认真学习完指针后,就能懂得使用指针的好处,它能直接处理内存地址,可以使程序更加简洁、紧凑和高效。让我们一起来期待这神奇的指针吧!

案例实现

引导案例

7.1 指针和指针变量

【任务1】 一个班进行了一次考试,现要将几个学生的成绩输入,用指针的方式输出。

【算法分析】

① 定义指针变量。
② 对指针变量进行初始化。
③ 用指针的方式输出。

【代码】

```
#include "stdio.h"
void main()
{
    int *p1,*p2,a,b;   //定义指针变量 p1 和 p2
```

```
        printf("输入:");
        scanf("%d,%d",&a,&b);
        p1=&a;p2=&b;     //对指针变量p1和p2进行初始化
        printf("输出:");
        printf("*p1=%d,*p2=%d\n",*p1,*p2);   //用指针的方式进行输出
}
```
程序运行结果如图7-1所示。

图7-1 "任务1"程序运行结果

【知识点】

（1）指针和指针变量的概念

指针是C语言的精华，是C语言的核心所在。内存单元的编号叫地址，通常把这个地址称为指针。内存单元的指针和内存单元的内容是两个不同的概念。单元的地址即为指针，其中存放的数据才是该单元的内容。在C语言中，允许用一个变量来存放指针，这种变量称为指针变量。因此，一个指针变量的值就是某个内存单元的地址或称为某内存单元的指针。

严格地说，一个指针是一个地址，是一个常量；而一个指针变量却可以被赋予不同的指针值，是变量，但常把指针变量简称为指针。为了避免混淆，人们约定："指针"是指地址，是常量，"指针变量"是指取值为地址的变量。定义指针是为了通过指针去访问内存单元。

每一个指针都有相应的类型，该类型就是指针所指向的数据的类型。例如，int类型的指针，说明该指针所指对象中存放的是int类型的数据。

（2）指针变量的定义与初始化

1)指针变量的定义

其格式如下：

类型标识符 *指针变量名；

其中，格式中的"*"是一个说明符，用来说明其后的变量是一个指针变量。格式中的"类型标识符"用来说明指针的基本类型，也即该指针变量用来存放哪一种类型的变量的地址，它可以是任何一个合法的C语言数据类型。例如：

int *p;

2)指针变量的初始化

指针变量在定义的同时，被赋初值，叫作指针的初始化。

初始化的一般形式为：

类型标识符 *指针变量名=初始地址值；

例如：

int x;

int *px=&x;

说明：

①这里的初始化是对指针变量的初始化，而不是对指针所指数据的初始化。例如，上述例子中，是把地址&x赋给了指针变量px，而不是赋给指针所指向的对象的内容*px。

②指针所指向对象的数据类型必须与指针的数据类型相一致。例如：

double x;

int *px=&x;

是错误的。

③可以把一个指针的值赋给另一指针。例如：

int x;

int *pm=&x;

int *qm=pm;

④可以把一个指针初始化为一个空指针。初始化为空指针的方法有以下两种：

int *px=0;或int *px=NULL;

赋予0值或NULL的指针不指向任何对象。

⑤当把一个变量的地址作为初始值赋给指针变量时，这个变量必须在这个指针初始化之前已经定义过了，因为没定义过的变量其地址也没定义。

（3）指针的基本运算

1) 间接存取运算

& 取地址运算符　　* 取值运算符

例如：

int n=2, *pointer;

pointer=&n;

&(*pointer)等效于pointer，其结果为(*pointer)的地址，即n的地址；

*(&n)等效于n，即地址(&n)所存放的值，其结果就是2。

在进行指针运算时，要注意pointer=&n与*pointer=n这两个表达式的区别：pointer=&n，是把变量n的地址赋给指针变量，从而使pointer指向n，这时*pointer和n取值相同；*pointer=n，是将变量n的值赋给pointer当前所指向的变量。

pointer、*pointer和&pointer三者的区别：pointer，是指针变量，其内容是地址量；*pointer，是指针变量所指向的变量，其内容是变量的值；&pointer，是指针变量本身所占据的存储地址。

2) 赋值运算

常见的赋值方式有以下3种：

①可以把一个变量的地址赋给其具有相同数据类型的指针。例如：

int a,*p1;

p1=&a;

②相同类型的指针变量间可以相互赋值。例如：

int *p1,*p2;

p1=p2;

③将数组的地址赋给其具有相同数据类型的指针。例如：

int *p1,a[20];

p1=a;或p1=&a[0];

3) 算术运算

① 指针的自增或自减运算。

例如：

指针++ 或 ++指针

指针－－ 或 －－指针

指针自增或自减运算，是使指针指向下一个或前一个同类型的数据，即指针向后或向前移动一个所指向的数据类型的空间。

例如，分析以下程序段的输出结果：

int x,y,*p;

p=&x;

y= *p++;   //即y=*(p++)，先进行赋值运算，再进行指针自加运算

y= *++p;   //即y=*(++p)，进行指针自加运算，再进行赋值运算

y=(*p)++;   //先赋值，后使指针指向的变量的值加1

y=++(*p);   //将指针指向的变量的值加1，然后再赋值

② 指针变量加上或减去一个整数：指针加上或减去一个整数n，相当于将指针指向的当前位置前移或后移n个存储单元。

例如：

指针+n或指针－n

其中，n是不为0的任意正整数。指针加减一个整数时，指针值（地址值）所跨越的字节数，除了与加减的整数n有关外，还与指针的基类型有关。假定指针的基类型是type，加减的整数为n，则地址值实际增加或减少n*sizeof(type)个字节。

③ 两个指针变量的减法运算：相同基类型的两个指针p和q可以进行减法运算，其结果是一个整数，表示两地址之间可容纳的相应类型数据的个数。两个指针变量相减也是地址运算，但结果不是地址量，而是按下面的公式计算得到的一个整数：

（p中的地址值－q中的地址值）/数据长度（字节数）

注意:

•两个指针相减,一般只有高地址指针减低地址指针才有意义。

•指针相减运算不能用于指向函数的指针。

④ 关系运算:

两个指向同一数据类型的指针变量之间可以进行各种关系运算,包括

>(大于)、>=(大于等于)

<(小于)、<=(小于等于)

= =(等于)和!=(不等于)

两个指针变量之间的关系运算表示它们所指向的地址位置之间的关系。假设数据在内存中的存储逻辑是由前向后,则指向后面的指针变量大于前面的指针变量。如果两个指针相等,表明它们指向同一个数据。

指针之间进行关系运算需注意以下几点:

•两个不同数据类型指针之间的关系运算是无意义的。

•指针与一个整型数据的关系运算是没有意义的。

•指针可以和0进行"= ="或"!="的比较,用以判断是否为空指针。

7.2 指向数组的指针

【任务2】 一个班有10个同学进行了一次考试,现要用指针实现该班10个同学成绩的输入输出。

【算法分析】

① 定义一维整数组score[10]并初始化。

② 定义一个指针变量p并初始化,使指针p指向数组score的起始地址。

③ 使用指针的方式循环输出数组score中每个同学的成绩。

【代码】

```
#include "stdio.h"
void main()
{
    int score[10],*p,i;
    printf("请输入10个学生的成绩:");
    //使用指针的方法用键盘给数组元素赋初值
    for(p=score;p<score+10;p++)
        {
            scanf("%d",p);
```

```
        }
    printf("输出的10个学生的成绩为:");
    for(p=score;p<score+10;p++)
        {
                printf("%5d",*p);
        }
    printf("\n");
}
```

程序运行结果如图7-2所示。

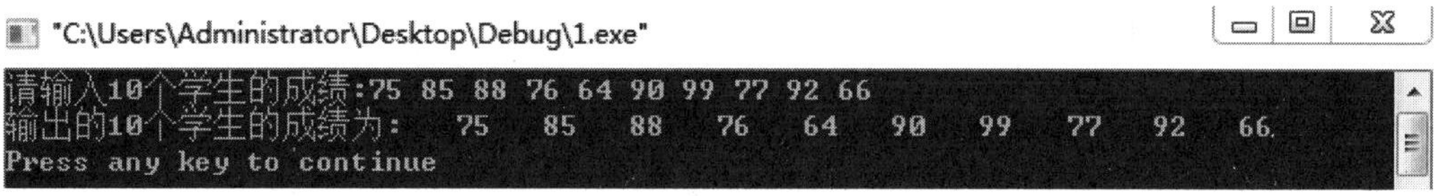

图7-2 "任务2"程序运行结果

【任务3】 用几种方法输出二维数组各元素的值。

【代码】

```
#include "stdio.h"
void main()
{
    int s[3][4]={1,2,3,4,5,6,7,8,9,10,11,12};
    int i,j,(*p)[4];
    int row,col;
    p=s;
    printf("用二维数组的指针变量计算i行j列元素的方法:\n");
    for(i=0;i<3;i++)
        {
            for(j=0;j<4;j++)
                {
                        printf("%8d",*(*(p+i)+j));
                }
            printf("\n");
        }
    printf("用二维数组的数组名计算i行j列元素的方法:\n");
    for(i=0;i<3;i++)
        {
            for(j=0;j<4;j++)
```

```
                    {
                        printf("%8d",*(*(s+i)+j));
                    }
                printf("\n");
            }
        printf("用直接采用首元素地址计算i行j列元素的方法:\n");
        row=3;col=4;
        for(i=0;i<row;i++)
            {
                for(j=0;j<col;j++)
                    {
                        printf("%8d",*(&s[0][0]+i*col+j));
                    }
                printf("\n");
            }
    }
```

程序运行结果如图7-3所示。

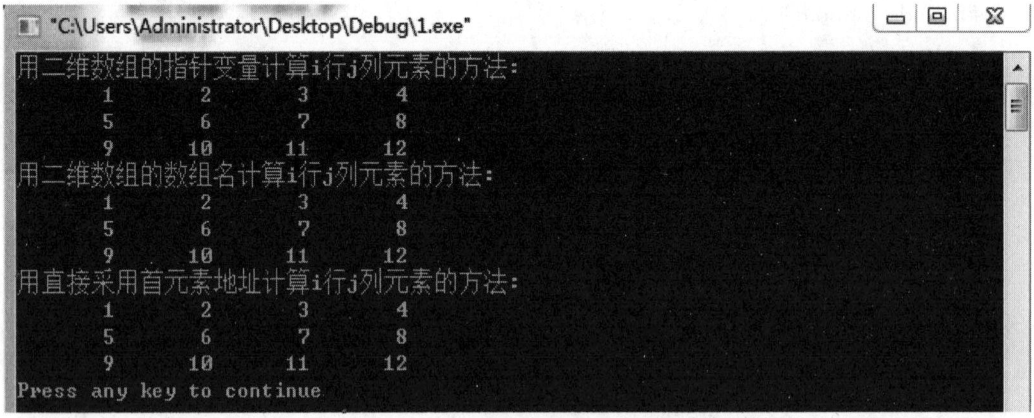

图7-3 "任务3"程序运行结果

【知识点】

（1）指针与数组的关系

一个数组可以包含若干个类型相同的元素,每个元素都与一个唯一的地址相对应。根据指针的概念,可定义一个指针指向数组。例如:

float x[10],*px;

因为数组名代表数组的首地址,也即数组中第一个元素的地址,所以可以通过如下赋值语句使该指针指向数组x:

px=x;或 px=&x[0];

对 px+i= =&px[i],两边同时作取内容运算得:

(px+i)= =(&px[i])

即*(px+i)= =px[i]

或 px[i]= =*(px+i)

从上面可以看出,引用一个数据元素有两种方法:

下标法,如:px[i]

指针法,如:*(px+i)。

有下列两个式子成立:

px+i= =&px[i]

px[i]= =*(px+i)

对指针和数组在使用时应注意以下几点:

① 用指针和数组名在访问地址中的数据时,它们的表现形式是等价的,因为它们都是地址量。

② 指针和数组名在本质上又是不同的。指针是地址变量,其值可以发生变化,可以对其进行赋值和其他运算,而数组名是地址常量,不能对其赋值。例如,指针的以下运算都是合法的:

int x[10],*px;

px=x;px++; px--;px+=n;

(2)多维数组元素的指针访问方式(以二维数组为例)

二维数组可以看成一种特殊的一维数组,每一个一维数组元素本身又是一个有若干个数组元素的一维数组。

例如:int b[3][4];理解为:有3个元素 b[0]、b[1]、b[2],每一个元素代表一行,每一个元素是一个包含4个元素的数组。

设 p 为指向二维数组的指针变量,若 p=b[0],可定义为 int(*p)[4],p=b,则 p+i 指向一维数组 b[i],而*(*(p+i)+j)则是 i 行 j 列元素的值。

((b+i)+j)式子是根据二维数组名计算 i 行 j 列元素的值;

还有一种直接采用首元素地址计算 i 行 j 列元素的方法。其格式如下:

*(首元素地址+行号*列数+列号)

7.3　使用指针作函数参数

【任务4】 将数组 a 中 n 个整数按相反顺序存放(要求使用函数调用的方式完成,并使用指针作为函数的参数)。

【算法分析】

① 定义一维数组 a 和指针 p、q 并分别初始化,使 p 指针指向数组的起始地址,q 指针指向数组的最后一个元素。

② 定义一个名为 reverse 的函数(参数使用指针),该函数的功能是完成数组中数据的逆置,即将 a[0] 和最后一个元素交换,a[1] 和倒数第二个元素交换,以此类推。

③ 使用循环将逆置后的数组输出。

【代码】

```c
#include "stdio.h"
#define N 10
void reverse(int *x,int *y)   //实参用的是指针,形参对应的也必须是指针
{
    int t;
    //当元素的个数为奇数个时,则会出现两个指针重合的情况,即 x 等于 y
    //当元素的个数为偶数个时,则会出现 x 指针最终大于 y 指针的情况
    //x 指针++表示后移,y 指针--表示前移
    for(;x<=y;x++,y--)
        {
    //交换数组中元素的值,a[0] 和最后一个元素交换,a[1] 和倒数第二个元素交换,以
    此类推
            t=*x;*x=*y;*y=t;
        }
}
void main()
{
    int a[N],*p,*q;
    printf("数组中%d个元素未逆置前的值为:\n",N);
    for(p=a;p<a+N;p++)
        {
            scanf("%d",p); //使用指针的方法对数组进行初始化
        }
    p=a;        //使指针 p 重新指向数组的起始地址
    q=&a[N-1]; //使指针 q 指向数组的最后一个元素
    reverse(p,q); //用指针作函数的参数,传递的是地址值
    printf("数组中%d个元素逆置后的值为:\n",N);
```

```
        for(;p<a+N;p++)
            {
                printf("%5d",*p); //使用指针的方式将数组中的元素值输出
            }
        printf("\n");
        }
```

程序运行结果如图7-4所示。

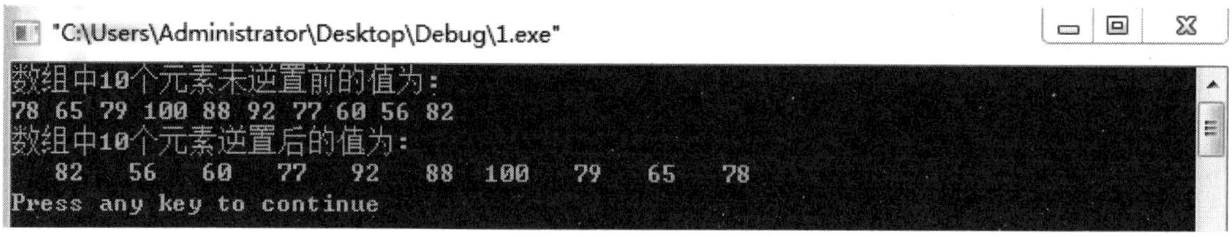

图7-4 "任务4"程序运行结果

【知识点】

（1）指针与函数

"传值"是C语言函数传递参数的基本方式，对于指针参数也不例外。也就是说，即使改变了形参指针变量的值，使之指向另外的目标，对应的实参指针变量仍然指向原来的目标，不会有任何改动。但是，函数要处理的对象通常并不是作为参数的指针本身，而是指针所指向的数据。

通过形参指针可以访问实参指针所指向的数据，因此指针参数的传递就是把实参指针所指向的数据间接地传递给被调用的函数。由此可见，在向被调用函数传递数据时，除了可以采用"传值"这种直接传送方式外，还可以采用"传指针"这种间接传送方式。在后一种情况下，函数要处理的不是指针本身，而是指针所指向的数据。

虽然指针型形参值（即指针值）也不能回传给实参，但是指针型形参变量得到的是主调函数中某个变量的地址，因此可以通过间接存取运算，操作主调函数中的变量，从而将指针形参的指向域扩大到主调函数，达到与主调函数双向交换数据的目的，这是很多函数利用指针参数的重要原因。

例如：

void add(int x,int y,int *p) {*p=x+y;}

该函数是把参数x和参数y的和存放在指针p所指向的变量中。

（2）指向字符串的指针

类型为char的指针称为字符指针。字符指针是C语言中常用的指针类型。

字符指针初始化的方法有如下两种形式：

1）在指针定义的同时进行初始化

例如：char *p="This is a string";

需要注意的是对字符指针初始化，就是将字符串的首地址赋给指针，而不是将字符串本身复制到指针中。指针初始化就是使指针指向该字符串。

也可用以下形式进行指针初始化：

char c[20];

char *p=c;

char *pc=p;

如果数组 c 中包含一字符串，则可以把该数组的首地址赋给指针 p。用已初始化的指针来初始化另一指针也是可行的办法。

2）利用赋值语句来初始化指针

char *s;

s="string ";

于是指针 s 就指向字符串"string "。同样，该赋值语句也是把字符串"string "的首地址赋给 s，而不是把字符串本身复制给 s。

例：将字符串 a 复制到字符串 b。

方法一：

```c
#include "stdio.h"
void main()
{
    char a[]="I am a boy.",b[20],*p1,*p2;
    int i;
    p1=a;
    p2=b;
    for(;*p1!='\0';p1++,p2++)
        {
            *p2=*p1;  //当 p1=='\0'时结束循环,因此'\0'并没有复制到*p2上
        }
    *p2='\0';
    printf("string a is:%s\n",a);
    printf("string b is:%s\n",b);
    printf("\n");
}
```

方法二：

```c
#include "stdio.h"
void main()
```

```
{
char *a="I am a boy.",*b;
b=a;
printf("string a is:%s\n",a);
printf("string b is:%s\n",b);
printf("\n");
}
```

技能实训

【实训1】 以下程序欲实现的功能是对两个整型变量的值进行交换。阅读分析程序后,请回答题后的问题。

【代码】

```
#include "stdio.h"
void swap(int *p,int *q)
{
    int *t;
    t=p;p=q;q=t;
}
void main()
{
    int a=5,b=10,*p=&a,*q=&b;
    swap(p,q);
    printf("a=%d,b=%d\n",a,b);
}
```

① 预测此程序的输出结果为:＿＿＿＿＿＿＿＿＿。

② 程序运行后的结果为:＿＿＿＿＿＿＿＿＿。

③ 通过程序运行结果不难发现,a和b两个整型变量的值并未交换,根据所学知识该程序应如何修改?

＿＿＿＿＿＿＿＿＿＿＿＿＿＿＿＿＿＿＿＿＿＿

＿＿＿＿＿＿＿＿＿＿＿＿＿＿＿＿＿＿＿＿＿＿

【实训2】 阅读分析下列程序,并回答题后的问题。

【代码】

```
#include "stdio.h"
void main()
```

```
{
    int a,b,k=4,m=6,*p=&k,*q=&m;
    a=p==&m;
    b=(−*p)/(*q)+7;
    printf("a=%d,b=%d\n",a,b);
}
```

①关系运算符"=="和赋值运算符"="哪个的优先级更高?

_____

②预测此程序的输出结果为:_____。

③程序运行后的结果为:_____。

④将你所学的常用运算符的优先级按照从高到低的顺序列举出来。

_____

_____

【实训3】 以下程序的功能是实现数组中10个元素的输入及输出。请输入并运行源程序,找出程序的问题所在,并分析改正。

源程序	修改后的程序
```#include "stdio.h"void main(){ int a[10],*p,i; printf("请输入10个元素的值:"); for(i=0;i<10;i++){ scanf("%d",a[i]); } printf("输出的10个元素的值为:"); for(p=a;p<p+10;p++){ printf("%5d",p); }}```	

【实训4】 阅读分析下列程序,并回答题后的问题。

【代码】

```
#include "stdio.h"
void main()
{
    int a[10],*p,*q,i;
    for(i=0;i<10;i++){
        scanf("%d",a+i);
    }
```

```
    for(p=a,q=a;p-a<10;p++){
        if(*p>*q){
        q=p;
        }
    }
    printf("%d\n",*q);
}
```

① 程序运行后的结果为：_____。

② 此程序实现的功能为：_____。

③ 如果想找出数组a中的最小值,则该程序应如何修改?

_____

_____

【实训5】　如下程序的功能是在a数组中查找与x值相同的元素所在的位置。根据程序功能,请将程序补充完整。

【代码】

```
#include "stdio.h"
void main()
{
    int a[11],x,i;
    printf("请输入10个整数:\n");
    for(i=1;i<=10;i++)
        {
            scanf("%d",a+i);
        }
    printf("请输入x的值:");
    scanf("%d",&x);
    *a=_____; i=10;
    while(x!=*(a+i))
        {
            _____;
        }
    if(_____) {
        printf("%d在数组a中的位置是:%d\n",x,i);
    } else{
        printf("%d在数组a中查找不到!\n",x);
    }
}
```

【实训6】 阅读分析下列程序,并回答题后的问题。

【代码】

```c
#include "stdio.h"
void f(int *x,int *y)
{
    int t;
    t=*x;*x=*y;*y=t;
}
void main()
{
    int a[8]={1,2,3,4,5,6,7,8},i,*p,*q;
    p=a;q=&a[7];
    while(p<q)
        {
            f(p,q);
            p++;
            q--;
        }
    for(i=0;i<8;i++)
        {
            printf("%d,",a[i]);
        }
}
```

① 程序运行后的结果为:_____。

② 此程序实现的功能为:_____。

【实训7】 阅读分析下列程序,并回答题后的问题。

【代码】

```c
#include "stdio.h"
int fun(char s1[],char s2[])
{
    int j=0;
    while(s1[j]==s2[j]&&s1[j]!='\0')
        {
            j++;
        }
    return s1[j]=='\0'&&s2[j]=='\0'?1:0;
}
```

```
void main()
{
    char str1[30],str2[31];
    int x;
    scanf("%s%s",str1,str2);
    x=fun(str1,str2);
    if(x==1)
        {
            printf("str1==str2");
        }else if(x==0)
        {
            printf("str1!=str2");
        }
}
```

① 此程序实现的功能为:_____。

② 函数 fun()中 return 关键字后面接的表达式叫_____表达式,该表达式的运算规则是_____,因此该表达式的功能跟_____的功能基本相同。

【实训8】 如下程序的功能是将字符串中的数字字符删除后输出。阅读分析程序代码,并回答题后的问题。

【代码】

```
#include "stdio.h"
void del(char *str)
{
    int i,j;
    for(i=0,j=0;str[i]!='\0';i++)
        {
            if(_____)
                {
                    str[j]=str[i];
                    _____;
                }
        }
    str[j]='\0';
}
```

```
void main()
{
        char string[30];
        printf("请输入一个含数字字符的字符串:");
        gets(string);
        del(string);
        printf("%s\n",_____);
}
```

① 根据程序的功能,请将程序补充完整。

② 若输入的字符串为"zjl820924@163.com",程序运行后的结果为:_____。

③ 在函数 del ()中这样一句代码 str[j]='\0'; 请问这句代码是否多余? 如果不多余,试说明原因。

_____

_____

【实训9】 如下程序是把从终端读入的一行字符作为字符串放在字符数组中,然后输出。根据程序功能,请将程序补充完整。

【代码】

```
#include "stdio.h"
void main()
{
        char str[10],*p;
        int i;
        for(i=0;i<9;i++)
            {
                    str[i]= getchar();
                    if(str[i]=='\n') _____;
            }
        str[i]= _____;
        p=_____;
        while(*p)
            {
                    putchar(*p++);
            }
}
```

【实训 10】 如下程序的功能是实现将字符串中的英文字母全部转换成大写。请输入并运行源程序，找出程序的问题所在，并分析改正。

源程序	修改后程序

#include "stdio.h"
void main()
{
    char str[30],*p;
    gets(str);
    for(p=str;*p!='\0';p++)
        {
            if(*p>='a'||*p<='z')
                {
                    p=p-32;
                }
        }
    puts(str);
}	

【实训 11】 根据题意要求，编写程序并上机验证。

1. 编写函数，求含有 13 个整数的数组中的最大数和最小数。要求使用指针为函数参数的方法实现。

2. 编写函数（请使用指针的方法），任意输入一个字符串，然后从该字符串第一个字符开始间隔地输出该串（例如：字符串"computer"，从第一个字符间隔输出后为"cmue"）。

单元7
课后习题

知识归纳图表

知识回顾
（绘制本单元知识关系图）

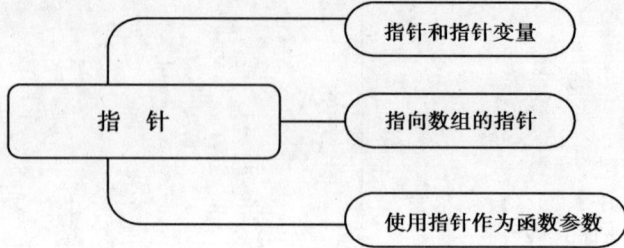

指针和指针变量

指针

指向数组的指针

使用指针作为函数参数

思考总结

单元8　用户自定义数据类型

知识目标

① 掌握结构体类型的定义与使用。

② 了解共用体类型的使用。

③ 了解枚举类型的使用。

④ 掌握类型声明符 typedef 用法。

能力目标

① 具有应用结构体解决实际问题的能力。

② 具有使用 typedef 解决实际问题的能力。

③ 具有设计测试数据进行程序测试的能力。

素质目标

① 培养学生提出问题、分析问题并解决问题的能力。

② 培养学生获取新知识、新技能、新方法的能力。

③ 培养学生逻辑思维能力、团体合作能力,增强创新意识。

学习计划表

项目		程序开发过程	数据描述	数据操作
课前预习	预习时间			
	预习结果	1. 难易程度 ○偏易(即读即懂)　　○适中(需要思考) ○偏难(需查资料)　　○难(不明白) 2. 疑点问题		
课后复习	复习时间			
	复习结果	1.掌握程度 ○了解　○熟悉　○掌握　○精通 2.重点、难点归纳		

引导案例

班级学生信息管理

案例描述

小张是班长,学习C语言后,他设计了一个程序,对班上同学各科成绩进行统计、汇总、排序。现在他想进一步设计程序存储每个的同学信息(包括姓名、性别、是否党员、家庭住址、电话、寝室号等)并对信息进行查找、删除、添加等操作。

案例分析

建立结构体数组,把每个同学的信息用结构体数组一个元素进行存储,通过对数组的相关操作完成同学信息查找、删除、添加等操作。

案例实现

引导案例

8.1 结构体

【任务1】 输入10名学生姓名,3门课的成绩,输出学生姓名、成绩及平均分。

方法一:使用数组

【算法分析】

① 定义数组 name[10][9],score[10][3],ave[10]。
② 使用循环语句依次输入10个学生姓名及3门课成绩,并计算平均分。
③ 输出学生姓名、成绩及平均分。

【代码】

```
#include "stdio.h"
void main()
{
    char name[10][9];
    float score[10][3],ave[10]={0};
    int i,j;
```

```
        printf("请输入学生姓名及成绩:\n");
        for(i=0;i<10;i++)
            {
                printf("请输入第%d个学生姓名:(按回车键结束)\n",i+1);
                scanf("%s",name[i]);
                printf("请输入第%d个学生3门课成绩:\n",i+1);
                    for(j=0;j<3;j++)
                        {
                            scanf("%f",&score[i][j]);
                            ave[i]+=score[i][j];
                        }
                    ave[i]/=3;
            }
        printf("\n学生姓名,成绩及平均分为:\n");
        printf("\n\n姓名\t课程1\t课程2\t课程3\t平均成绩\n");
        for(i=0;i<10;i++)
            {
                printf("%s",name[i]);
                    for(j=0;j<3;j++)
                        printf("%8.1f",score[i][j]);
                        printf("%8.2f\n",ave[i]);
            }
}
```

方法二:使用结构体

【算法分析】

① 定义结构体。
② 使用循环语句依次输入10个学生姓名及3门课成绩,并计算平均分。
③ 输出学生姓名、成绩及平均分。

【代码】

```
#include "stdio.h"
void main()
{
    struct student{
        char name[9];
```

```c
        float score[3];
        float ave;
    }stu[10];
    int i,j;
    printf("请输入学生姓名及成绩:\n");
    for(i=0;i<10;i++)
        {
            printf("请输入第%d个学生姓名:(按回车键结束)\n",i+1);
            scanf("%s",stu[i].name);
            printf("请输入第%d个学生3门课成绩:\n",i+1);
            stu[i].ave=0;
                for(j=0;j<3;j++)
                    {
                        scanf("%f",&stu[i].score[j]);
                        stu[i].ave+=stu[i].score[j];
                    }
            stu[i].ave/=3;
        }
    printf("\n学生姓名,成绩及平均分为:\n");
    printf("\n\n姓名\t课程1\t课程2\t课程3\t平均成绩\n");
    for(i=0;i<10;i++)
        {
            printf("%s",stu[i].name);
                for(j=0;j<3;j++)
                        printf("%8.1f",stu[i].score[j]);
                        printf("%8.2f\n",stu[i].ave);
        }
}
```

【知识点】

（1）结构体的定义

在前面已学习C语言的基本类型（或称简单类型）的变量，如整型、实型、字符型变量，同时也学习了数组（构造类型）。但是，在日常问题处理中，经常会遇到一个对象中涉及多种不同的数据类型，因为这些数据同属于一个对象，它们之间是互相联系的。如一个学生的学号、姓名、性别、年龄、成绩、家庭地址等，这些项都与某一学生相联系，如图8-1所示。

Num	name	sex	age	score	addr
201503001	赵一敏	女	18	89.5	北京市海淀区民主街46号

图8-1 一个学生的信息

C语言允许用户指定这样一种数据结构,它称为结构体(structure),相当于其他高级语言中的记录。一个结构体可以包含多种不同的数据类型,但必须用户自己建立所需的结构体类型。

声明一个结构体类型形式为:

struct 结构体名

{成员表列};

"结构体名"用作结构体类型的标志,"成员表列"中要对各成员进行类型声明,即

类型名 成绩名;

对图8-1中学生信息可以建立如下结构体:

```
struct student
{    int num;
     char name[10];
     char sex[3];
     int age;
     float score;
     char addr[50];
};
```

定义结构体后,该结构体有6个成员(又称域),成员名定名规则与变量名相同。

(2)定义结构体类型变量

前面已经定义一个结构体类型,但它只相当于一个模型,其中没有任何数据,只有使用该类型定义结构体变量后,才能存放具体的数据。定义结构体类型变量有如下3种方法:

1)先声明结构体类型再定义变量名

如上面已定义一个结构体类型struct student,可以用它来定义变量。如:

struct student student1,student2;

其中,struct student是结构体类型名,student1,student2是struct student类型的变量。

2)在声明类型的同时定义变量

定义的一般形式为:

struct 结构体名

{

**   成员表列**

}变量名表列;

如:

struct student

```
{       int num;
        char name[10];
        char sex[3];
        int age;
        float score;
        char addr[50];
}student1,student2;
```

它的作用与第一种方法相同,即定义了两个 struct student 类型的变量 student1, student2。

3)直接定义结构体类型变量

定义的一般形式为:

struct

{

　　成员表列

}变量名表列;

即该定义不出现结构体变量名,如:

```
struct
{       int num;
        char name[10];
        char sex[3];
        int age;
        float score;
        char addr[50];
}student1,student2;
```

(3) 结构体变量的引用

定义结构体变量以后,可以引用这个变量,引用的方式为:

结构体变量名.成员名

注意:

①不能将一个结构体变量作为一个整体进行输入和输出。如:

printf("%d,%s,%s,%d,%f,%s\n",student1);

正确的输出为:

printf("%d,%s,%s,%d,%f,%s\n",student1.num,student1.name,student1.sex,student1.age, student1.score,student1.addr);

②结构体变量的成员可以像普通变量一样进行各种运算。如:

student1.score=student2.score;

++student1.age;

（4）结构体数组

结构体数组中每个数组元素都是一个结构体类型的数据，它们分别包括各个成员（分量）项。

定义结构体变量方法与定义普通变量相同。如：

```
struct student
{     int num;
      char name[10];
      char sex[3];
      int age;
      float score;
      char addr[50];
};
struct student stu[10];
```

以上定义一个结构体数组 stu，数组有 10 个元素，每个元素有 6 个成员，如图 8-2 所示：

	num	name	sex	age	score	addr
stu[0]	201403001	胡开	男	19	86	湖北省 ▓▓▓▓▓▓▓▓ 7-
stu[1]	201403002	许祥林	男	18	76	安徽省 ▓▓▓▓▓▓ B 区 22 号
stu[2]	201403003	刘龙	男	18	75	湖北省 ▓▓▓▓ 2-6 号
stu[3]	201403004	陈丹	女	19	81	上海市 ▓▓▓▓ 126
stu[4]	201403005	张小妹	女	18	86	安徽省 ▓▓▓▓ 1 组
stu[5]	201403006	杜山	男	19	86	湖南省 ▓▓▓ 3 组
stu[6]	201403007	杨忠	男	18	79	黑龙江省 ▓▓▓ 3 号
stu[7]	201403008	闫花	女	18	86	武汉市 ▓▓▓ 72 号 1024 室
stu[8]	201403009	窦海涛	男	18	72	江苏省 ▓▓▓▓ 9 号

图 8-2　学生信息表

【例 8.1】　定义一个结构体类型，包含姓名、性别、年龄、身高、体重、地址，输入 3 个学生数据并输出。

```
#include "stdio.h"
void main()
{
      struct student{
            char name[9];
            char sex[2];
```

```
            int age;
            int heig;
            float wei;
            char add[50];
        }stu[3];
        int i,j;
        printf("请输入3个学生信息:\n");
        for(i=0;i<3;i++)
            {
                printf("请输入第%d个学生信息:\n",i+1);
                printf("姓名:\n");
                scanf("%s",stu[i].name);
                printf("性别:\n");
                scanf("%s",stu[i].sex);
                printf("年龄(整数):\n");
                scanf("%d",&stu[i].age);
                printf("身高(cm):\n");
                scanf("%d",&stu[i].heig);
                printf("体重(kg):\n");
                scanf("%f",&stu[i].wei);
                printf("地址:\n");
                scanf("%s",stu[i].add);
            }
        printf("\n学生信息:\n");
        printf("\n\n姓名\t性别\t年龄\t身高\t体重\t\t地址\n");
        for(i=0;i<3;i++)
        printf("%s\t%s\t%d\t%d\t%.f\t%s\n",stu[i].name,stu[i].sex,stu[i].age,stu[i].heig,stu[i].wei,stu[i].add);
    }
```

程序运行结果如图8-3所示。

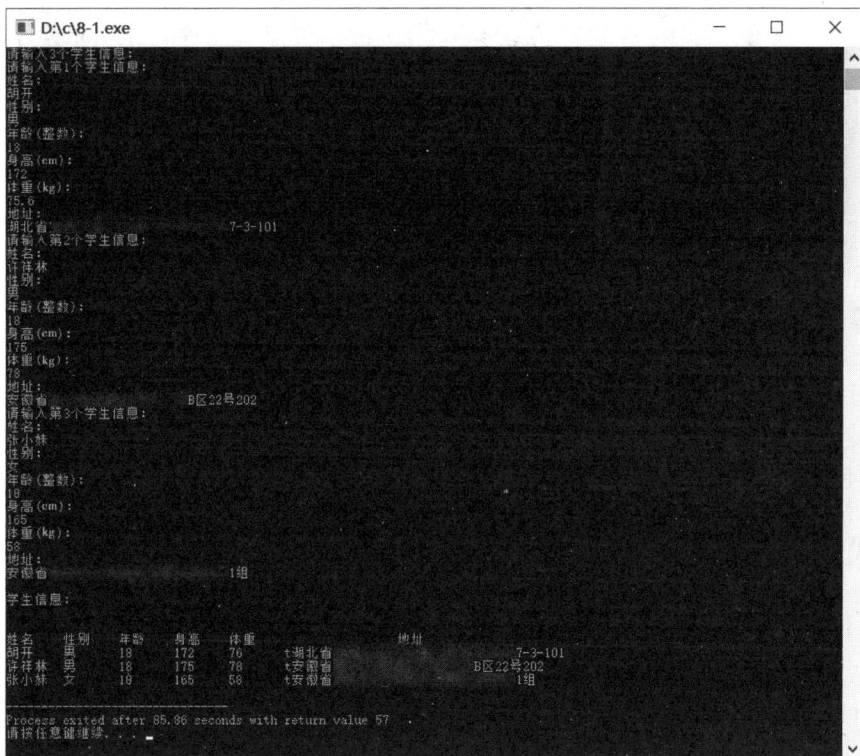

图8-3 例8.1程序运行结果

【任务2】 已知10个学生相关信息见表8-1。

表8-1 学生相关信息

序号	姓名	性别	出生日期	语文	数学	英语	物理	化学
1	王维一	男	1995-8-12	70	66	93	58	78
2	张浩	男	1995-1-23	61	93	65	82	96
3	张丽	女	1996-4-20	80	85	94	69	56
4	陈聂可	女	1995-12-5	66	99	77	88	91
5	王华	男	1997-1-8	50	62	87	95	83
6	汪小立	女	1995-4-15	65	74	86	80	83
7	郭迪清	男	1996-6-14	70	75	70	59	76
8	陈颖	女	1994-9-12	64	59	76	58	58
9	刘亮	男	1995-8-10	58	90	79	89	80
10	张心羽	女	1995-12-26	91	70	96	80	89

编程显示如下菜单,根据菜单实现相应功能:

```
*******************************************************
*            1. 输出学生全部信息                    *
*            2. 输出每个学生平均分                   *
*            3. 输出每门课的平均分                   *
*            4. 输出每门课的最高分                   *
*            5. 输出不及格学生及课程                 *
*            6. 退出                                 *
*                请选择（1-5）：_                    *
*******************************************************
```

【算法分析】

① 定义结构体变量并对结构体数组进行初始化。

② 定义6个子函数，分别实现菜单对应的6个功能。

③ 使用主函数显示界面并调用不同功能。

【代码】

```c
#include "stdio.h"
#include "stdlib.h"
struct date    /*定义日期结构体类型*/
{
    int year;
    int month;
    int day;
};
struct student    /*定义结构体类型*/
{
    char name[10];
    char sex[4];
    struct date brithday;
    float ywscore;
    float sxscore;
    float yyscore;
    float wlscore;
    float hxscore;
};
void display()  /*显示界面*/
{
    char  disp[9][200]={
```

```
    "       *********************************************************",
    "       *            1.输出学生全部信息                *",
    "       *            2.输出每个学生平均分              *",
    "       *            3.输出每门课的平均分              *",
    "       *            4.输出每门课的最高分              *",
    "       *            5.输出不及格学生及课程            *",
    "       *            6.退出                             *",
    "       *              请选择(1—5):_                 *",
    "       *********************************************************"};
    int i;
    for(i=0;i<9;i++)
            puts(disp[i]);
}
void outputscore(struct student stu[])   /*显示学生成绩*/
{
    int i;
    printf("\n姓名\t性别\t\t出生日期\t语文\t\t数学\t英语\t物理\t化学\n");
    for(i=0;i<10;i++)
            printf("% -6s % -6s % 4d-% 2d-% 2d % 2.0f    % 2.0f     % 2.0f      % 2.0f      % 2.0f\n",stu[i].name,stu[i].sex,stu[i].brithday.year,stu[i].brithday.month,stu[i].brithday.day,stu[i].ywscore,stu[i].sxscore,stu[i].yyscore,stu[i].wlscore,stu[i].hxscore);
    printf("\n\n\n\n");
}
void quit()    /*退出*/
{
    return;
}
void  dispave(struct student stu[])   /*求每个学生成绩平均分并输出*/
{
    float  ave[10];
    int i;
    for(i=0;i<10;i++)
        {
                ave[i]=(stu[i].ywscore+stu[i].sxscore+stu[i].yyscore+stu[i].wlscore+stu[i].hxscore)/5;
        }
    printf("\n姓名\t语文\t数学\t英语\t物理\t化学\t平均分\n");
```

```
    for(i=0;i<10;i++)
        printf("%-6s\t %2.0f\t %2.0f\t %2.0f\t \t%2.0f\t %2.0f\t  %2.1f\n", stu[i].name,
stu[i].ywscore , stu[i].sxscore,stu[i].yyscore, stu[i].wlscore,stu[i].hxscore,ave[i]);
    printf("\n\n");
}
void  dispkcave(struct student stu[])  /*求每门课程成绩平均分并输出*/
{
    float  ave[5]={0,0,0,0,0};
    int i,j;
    for(i=0;i<5;i++)
        {
            for(j=0;j<10;j++)
                {
                    if(i==0) ave[i]=ave[i]+stu[j].ywscore;
                    if(i==1) ave[i]=ave[i]+stu[j].sxscore;
                    if(i==2) ave[i]=ave[i]+stu[j].yyscore;
                    if(i==3) ave[i]=ave[i]+stu[j].wlscore;
                    if(i==4) ave[i]=ave[i]+stu[j].hxscore;
                }
            ave[i]=ave[i]/10;
        }
    printf("\n\t\t\t 语文\t 数学\t 英语\t 物理\t 化学 \n");
    printf(" 平均分 ");
    for(i=0;i<5;i++)
        printf("\t \t %2.0f",ave[i]);
    printf("\n\n\n\n\n\n");
}
void  dispkcmax(struct student stu[])   /*求每门课程的最高分*/
{
    float  max[5]={0,0,0,0,0};
    int i,j;
    for(i=0;i<5;i++)
        {
            for(j=0;j<10;j++)
                {
                    if(i==0 && max[i]<stu[j].ywscore) max[i]=stu[j].ywscore;
                    if(i==1 && max[i]<stu[j].sxscore) max[i]=stu[j].sxscore;
```

```
                    if(i==2 && max[i]<stu[j].yyscore) max[i]=stu[j].yyscore;
                    if(i==3 && max[i]<stu[j].wlscore) max[i]=stu[j].wlscore;
                    if(i==4 && max[i]<stu[j].hxscore) max[i]=stu[j].hxscore;
                }
            }
    printf("\n\t\t\t\t 语文\t数学\t英语\t 物理\t 化学 \n");
    printf(" 最高分 ");
    for(i=0;i<5;i++)
        printf("\t \t %2.0f",max[i]);
    printf("\n\n\n\n\n\n");
}
void  dispkcbjg(struct student stu[])   /*输出不及格学生及不及格课程成绩*/
{
    char   kcname[5][20]={"语文","数学","英语","物理","化学"};
    int i,j;
    printf("不及格学生及课程 : \n");
    for(i=0;i<10;i++)
        {
            for(j=0;j<5;j++)
                {
                    if(j==1 &&  stu[i].ywscore<60)
                        printf("%-6s  %s  %2.0f \n",stu[i].name,kcname[j],stu[i].ywscore);
                    if(j==2 &&  stu[i].sxscore<60)
                        printf("%-6s  %s  %2.0f \n",stu[i].name,kcname[j],stu[i].sxscore);
                    if(j==3 &&  stu[i].yyscore<60)
                        printf("%-6s  %s  %2.0f \n",stu[i].name,kcname[j],stu[i].yyscore);
                    if(j==4 &&  stu[i].wlscore<60)
                        printf("%-6s  %s  %2.0f \n",stu[i].name,kcname[j],stu[i].wlscore);
                    if(j==5 &&  stu[i].hxscore<60)
                        printf("%-6s  %s  %2.0f \n",stu[i].name,kcname[j],stu[i].hxscore);
                }
            }
    printf("\n\n\n\n");
}
void main()
{
    struct student  stu[10]={
```

```
        "王维一","男",1995,8,12,70,66,93,58,78,
        "张浩","男", 1995,1,23,61,93,65,82,96,
        "张丽", "女",1996,4,20,80,85,94,69,56,
        "陈聂可","女",1995,12,5,66,99,77,88,91,
        "王华","男",1997,1,8,50,62,87,95,83,
        "汪小立","女",1995,4,15,65,74,86,80,83,
        "郭迪清","男",1996,6,14,70,75,70,59,76,
        "陈颖","女",1994,9,12,64,59,76,58,58,
        "刘亮","男",1995,8,10,58,90,79,89,80,
        "张心羽","女",1995,12,26,91,70,96,80,89,
    };
    int n;
    display();
    k:  scanf("%d",&n);
    switch(n)
        {
                case 1:system("cls");outputscore(stu);display();goto k;break;
                case 2:system("cls");dispave(stu);display();goto k;break;
                case 3:system("cls");dispkcave(stu);display();goto k;break;
                case 4:system("cls");dispkcmax(stu);display();goto k;break;
                case 5:system("cls");dispkcbjg(stu);display();goto k;break;
                case 6:quit();break;
        }
    getchar();
    getchar();
}
```

【知识点】

（1）结构体的成员也可以是结构体变量

在定义结构体变量时，其成员也可以是一个结构体变量。

如：

```
struct date    /*定义日期结构体类型*/
{
    int year;
    int month;
    int day;
};
```

```
struct student   /*定义结构体类型*/
{
      char name[10];
      char sex[4];
      struct date brithday;
      float ywscore;
      float sxscore;
      float yyscore;
      float wlscore;
      float hxscore;
};
```

先声明一个 struct date 类型,它代表"日期",包括3个成员:month(月)、day(日)、year(年),然后在定义 struct student 类型时,将成员 brithday 指定为 struct date 类型。

（2）结构体变量的初始化

和其他类型变量一样,对结构体变量可以在定义时指定初始值。

如：

```
struct student
{     int num;
      char name[10];
      char sex[3];
      int age;
      float score;
      char addr[50];
}student1={201503001,"赵一敏","女",18, 89.5,"北京市海淀区民主街46号"};
```

8.2　共用体

【任务3】　现要输入学生与教师相关信息,学生信息包括:姓名、序号、身份、班级;教师信息包括:姓名、序号、身份、职称。要求用一个表格处理。信息见表8-2(以两个数据为例):

表8-2　学生与教师相关信息

序号	姓名	身份	班级/职称
4200103001	李随月	教师	副教授
4200103002	张学文	学生	501

【算法分析】

① 定义结构体类型保存数据,包含"序号、姓名、身份、班级/职称"4个成员,其中成员"班级/职称"又定义为共用体类型。

② 输入数据。

③ 输出数据。

【代码】

```c
#include "stdio.h"
struct
{
    int no;
    char name[10];
    char job;
    union
        {
            int clas;
            char posi[10];
        } cate;
}s[2];
main()
{
    int i;
    for(i=0;i<2;i++)
        {
            printf("请依次输入序号、姓名、身份(s-学生,t-教师)、班级/职称:\n");
            scanf("%d%c%s",&s[i].no,&s[i].job,s[i].name);
            if(s[i].job=='s')
                {
                    printf("请输入学生班级:\n");
                    scanf("%d",&s[i].cate.clas);
                }
            else  if(s[i].job=='t')
```

```
                {
                        printf("请输入教师职称:\n");
                        scanf("%s",s[i].cate.posi);
                }
        }
    printf("\n 人员信息为:\n");
    printf("\t 序号\t 姓名\t 身份\t 班级/职称\n");
    for(i=0;i<2;i++)
        {
                if(s[i].job=='s')
                    printf("%d %s %4c\t %d\n",s[i].no,s[i].name,s[i].job,s[i].cate.clas);
                else
                    printf("%d %s %4c\t %s\n",s[i].no,s[i].name,s[i].job,s[i].cate.posi);
        }
}
```

【知识点】

（1）共用体

在处理问题时,有时需要把几种不同类型的变量存放在同一段内存单元中。如,把一个整型变量、一个字符型变量、一个实型变量放在同一个地址开始的内存单元中。也就是说内存某一区域可以存储不同类型的数据,但需要注意的是,在某一时刻,该内存区域只能有一种类型的数据存在。这种使几个不同的变量共占同一段内存的结构,称为共用体。

共用体定义的一般形式为:

union 共用体名

{

　　成员列表

}变量列表;

如:

union date

{　　int I;

　　char ch;

}a,b;

注意:

① 共用体在同一个内存段可以用来存放几种不同类型的成员,但在每一瞬时只能存放其中一个成员,而不是同时存放多个。

② 可以对共用体变量初始化,但初始化只能是成员中某一类型的一个常量。

③ 共用体变量中存放的始终是最后赋值的成员。

④ 共用体类型可以出现在结构体类型定义中,也可定义共用体数组。反之,结构体也可以出现在共用体的定义中,数组也可以作为共用体的成员。

【例8.2】 用共用体数组存放如下数据并输出,见表8-3。

表8-3 共用体数组存放

序号	类别	值
2015001	c	A
2015002	i	35
2015003	d	1234.567

```
#include "stdio.h"
struct
{
    int no;
    char clas;
    union
    {
        char chr;
        int  n;
        float m;
    } nom;
}a[3];
void main()
{
    int i;
    for(i=0;i<3;i++)
        {
            printf("请依次输入序号、类别(中间用空格隔开):\n");
            scanf("%d %c",&a[i].no,&a[i].clas);
            getchar();
```

```
            if(a[i].clas=='c')
                {
                        printf("请输入值:\n");
                        scanf("%c",&a[i].nom.chr);
                }
            else  if(a[i].clas=='i')
                {
                        printf("请输入值:\n");
                        scanf("%d",&a[i].nom.n);
                }
            else
                {
                        printf("请输入值:\n");
                        scanf("%f",&a[i].nom.m);
                }
        }
    printf("\n共用体信息如下:\n");
    printf("\t序号\t类别\t值\n");
    for(i=0;i<3;i++)
        {
            if(a[i].clas=='c')
                printf("\t%d\t%c\t%c\n",a[i].no,a[i].clas,a[i].nom.chr);
            else
                if(a[i].clas=='i')
                    printf("\t%d\t%c\t%d\n",a[i].no,a[i].clas,a[i].nom.n);
                else
                    if(a[i].clas=='d')
                        printf("\t%d\t%c\t%.2f\n",a[i].no,a[i].clas,a[i].nom.m);
        }
}
```

程序运行结果如图 8-4 所示。

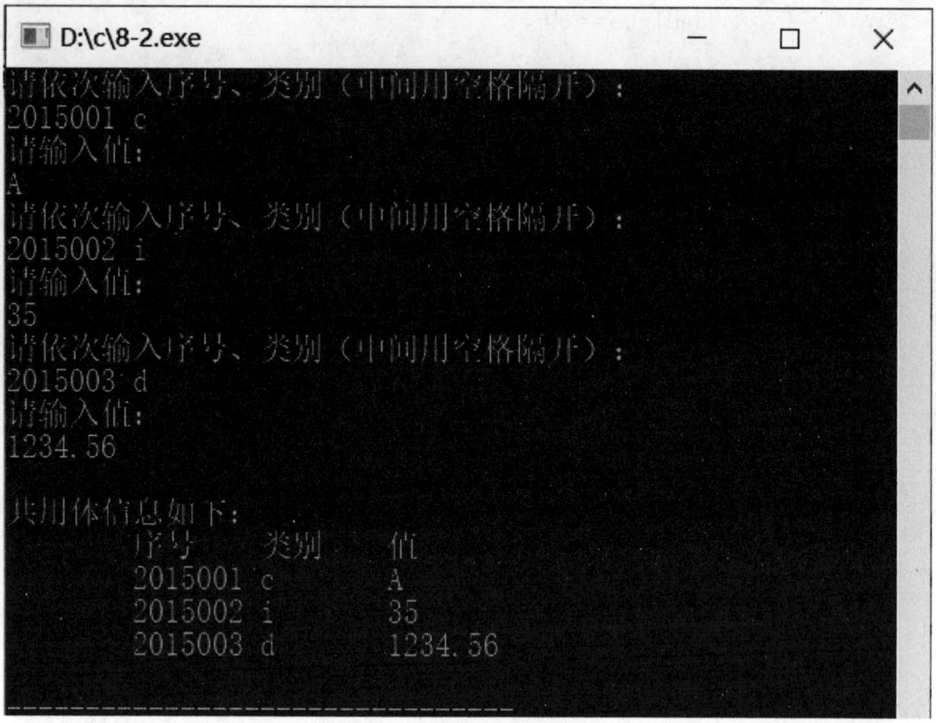

图8-4　例8.2程序运行结果

8.3　枚举类型

【任务4】　输入年份和月份,打印出该月份日历。

【算法分析】

① 定义枚举类型mon,成员包含12个月份,根据蔡勒(Zeller)公式计算某年某月第一天是星期几。

蔡勒(Zeller)公式:w=y+int(y/4)+int(c/4)-2*c+int(26*(m+1)/10)+d-1

其中:y公式中的符号含义如下,w:星期;c:世纪-1;y:年(两位数);m:月(m大于等于3,小于等于14,即在蔡勒公式中,某年的1、2月要看作上一年的13、14月来计算,比如2003年1月1日要看作2002年的13月1日来计算);d:日;int代表取整,即只要整数部分。(C是世纪数减一,y是年份后两位,M是月份,d是日数。1月和2月要按上一年的13月和14月来算,这时C和y均按上一年取值。)

② 使用多分支选择语句switch输出月份,并计算该月有多少天。

③ 通过循环,输出该月日历,如图8-5所示。

```
请输入年份和月份:
2015 4
_____
2015年                                       April

星期一    星期二    星期三    星期四    星期五    星期六    星期日
                    1         2         3         4         5
6         7         8         9         10        11        12
13        14        15        16        17        18        19
20        21        22        23        24        25        26
27        28        29        30
_____
```

【代码】

```c
#include "stdio.h"
void main()
{
    enum  mon{January,February,March,April,May,June,July,August,September,October,
November,December};    /*定义枚举类型mon*/
    enum mon month;      /*定义枚举类型变量month*/
    int i,j,year,w,c,y,m,d,n;
    printf("\n请输入年份和月份:\n");
    scanf("%d%d",&year,&month);
    c=year/100;
    y=year%100;
    if(month<3)
        {m=12+month;
            if(y==0)
                {y=99;c=c-1;}
            else
                y=y-1;
        }
    else
        m=month;
    d=1;
    w=y+int(y/4)+int(c/4)-2*c+int(26*(m+1)/10)+d-1;  /*蔡勒(Zeller)公式*/
```

```
        while(w<0)  w=w+7;
        w=w%7;
        if(w==0) w=7;
        printf("\n------------------------------------------------\n");
        printf("%d 年",year);
        switch(month-1)
            {
                case January:printf("%30s\n","January");n=31;break;
                case February:{printf("%30s\n","February");
                    if(year%400==0 ||(year%4==0 && year%100!=0))
                        n=29;
                    else
                        n=28;}
                break;
                case March:printf("%30s\n","March");n=31;break;
                case April:printf("%30s\n","April");n=30;break;
                case May:printf("%30s\n","May");n=31;break;
                case June:printf("%30s\n","June");n=30;break;
                case July:printf("%30s\n","July");n=31;break;
                case August:printf("%30s\n","August");n=31;break;
                case September:printf("%30s\n","September");n=30;break;
                case October:printf("%30s\n","October");n=31;break;
                case November:printf("%30s\n","November");n=30;break;
                case December:printf("%30s\n","December");n=31;break;
            }
        printf("\n 星期一  星期二  星期三  星期四  星期五  星期六  星期日 \n");
        for(j=0;j<(w-1)*9;j++)
            printf(" ");
                for(i=1;i<=n;i++)
                    {
                        printf("%-9d",i);
                            if((i+w-1)%7==0) printf("\n");
                    }
        printf("\n------------------------------------------------\n");
    }
```

【知识点】

（1）枚举类型

在实际问题中,有些变量的取值被限定在一个有限的范围内。如:一个星期内只有7天。C语言提供了一种基本数据类型,即枚举类型。所谓"枚举"是指将变量的值一一列举出来,变量的值只限于列举出来的值的范围内。

枚举类型定义形式:

enum 枚举名{枚举值列表};

例如:

enum weekday{sun,mon,tue,wed,thu,fri,sat};

该枚举名为weekday,枚举值共有7个,即一周中的7天。凡被声明为weekday类型的变量的取值只能是7天中的某一天。

（2）枚举类型变量的定义与使用

1）枚举类型定义

如结构体类型,枚举类型变量可以用以下3种方式:

① 先定义枚举类型后定义枚举类型变量,如:

enum weekday{sun,mon,tue,wed,thu,fri,sat};

enum weekdy a,b;

② 在定义枚举类型的同时定义枚举类型变量,如:

enum weekday{sun,mon,tue,wed,thu,fri,sat} a,b;

③ 直接定义枚举类型变量,如:

enum{sun,mon,tue,wed,thu,fri,sat} a,b;

2）枚举类型变量使用

枚举类型变量使用规定:

① 枚举值是常量,不是变量,在程序中不能用赋值语句再对它赋值。

如:enum{sun,mon,tue,wed,thu,fri,sat} a,b;

　　sun=5;(错误)

② 枚举类型元素本身由系统定义了一个表示序号的数值,从0开始,顺序定义为0、1、2、3……如在weekday中,sun值为0、mon值为1、sat值为6等。

③只能把数值赋给枚举变量,不能把元素的数值直接赋值给枚举变量。

如:a=sun;(正确)

　　a=0;(错误)

④ 一定要把数值赋给枚举变量,则必须用强制类型转换。

如:a=(enum weekday)2;

⑤ 枚举元素不是字符常量也不是字符串型常量,使用时不用加单引号或双引号。

8.4 类型声明符 typedef

【任务5】 用结构体表示日期,并用类型声明符声明该类型,编写程序计算元旦的倒计时(格式:距元旦还有**天**小时**分钟**秒)并输出。

【算法分析】

① 定义结构体类型,包含4个成员(day,hour,minute,second),分别用来存放距元旦剩下的天数、小时数、分钟数和秒数;并使用typedef自定义该结构体类型为DAT。

② 使用C语言系统结构体类型 struct tm。

包含如下:

```
struct tm
{
    int tm_sec;              /* Seconds.    [0-60] (1 leap second) */
    int tm_min;              /* Minutes.    [0-59] */
    int tm_hour;             /* Hours.      [0-23] */
    int tm_mday;             /* Day.        [1-31] */
    int tm_mon;              /* Month.      [0-11] */
    int tm_year;             /* Year - 1900. */
    int tm_wday;             /* Day of week. [0-6] */
    int tm_yday;             /* Days in year.[0-365] */
    int tm_isdst;            /* DST.        [-1/0/1]*/
    #ifdef  __USE_BSD
    long int tm_gmtoff;      /* Seconds east of UTC. */
    __const char *tm_zone;   /* Timezone abbreviation. */
    #else
    long int __tm_gmtoff;    /* Seconds east of UTC. */
    __const char *__tm_zone; /* Timezone abbreviation. */
    #endif
};
```

可以分别求出当前的日期和时间。

③ 根据当前日期,求出距元旦剩下的时间,分别赋给DAT的各个分量。

④ 输出结果如下:

距元旦还有280天3小时19分钟55秒。

【代码】

```
#include "stdio.h"
#include "time.h"
#include "stdlib.h"
#include "windows.h"
#define CCT (+8)    //中国时区时间加8小时
typedef struct {
    int day;
    int hour;
    int minute;
    int second;
}DAT;
int main()
{
    DAT t={0,0,0,0};
    time_t timep;
    struct tm *p;
    time(&timep);
    p = gmtime(&timep);
    t.hour=(24-p->tm_hour-CCT)%24-1;    //计算一天内剩下小时数
    t.minute=60-p->tm_min-1;            //计算一小时内剩下分钟数
    t.second=60-p->tm_sec-1;            //计算一分钟内剩下秒数
    switch(p->tm_mon)    //计算距元旦还剩多少天
        {
            case 1:if((p->tm_year%400==0) || (p->tm_year %4==0 && p->tm_year%100!=0))
                t.day=31+28+31+30+31+30+31+31+30+31+30+31-p->tm_mday;
                else
                    t.day=31+29+31+30+31+30+31+31+30+31+30+31-p->tm_mday;
                break;
            case 2:if((p->tm_year%400==0) || (p->tm_year %4==0 && p->tm_year %100!=0))
```

```
                t.day=28+31+30+31+30+31+31+30+31+30+31-p->tm_mday;
            else
                    t.day=29+31+30+31+30+31+31+30+31+30+31-p->tm_mday;
            break;
        case 3:t.day=31+30+31+30+31+31+30+31+30+31-p->tm_mday;break;
        case 4:t.day=30+31+30+31+31+30+31+30+31-p->tm_mday;break;
        case 5:t.day=31+30+31+31+30+31+30+31-p->tm_mday;break;
        case 6:t.day=30+31+31+30+31+30+31-p->tm_mday;break;
        case 7:t.day=31+31+30+31+30+31-p->tm_mday;break;
        case 8:t.day=31+30+31+30+31-p->tm_mday;break;
        case 9:t.day=30+31+30+31-p->tm_mday;break;
        case 10:t.day=31+30+31-p->tm_mday;break;
        case 11:t.day=30+31-p->tm_mday;break;
        case 12:t.day=31-p->tm_mday;break;
        }
    while(t.day>=0)
        {
            printf("\n距元旦还有%d天%d小时%d分钟%d秒。\n",t.day,t.hour,t.minute,t.second);
            Sleep(1000);      //延迟1000毫秒,该函数包含在"windows.h"文件或"dos.h"
            while(!t.second--)
                {
                    t.second=60;
                        while(!t.minute--)
                            {
                                t.minute=60;
                                    while(!t.hour--)
                                        {   t.hour=24;
                                            t.day--;
                                        }
                            }
                }
        system("cls");   //dos窗口清屏,该函数包含在"stdlib.h"文件中
        }
    }
```

【知识点】

用户自定义数据类型

在C语言中,除了系统提供的标准类型名(如int、char、float、double、long等)和用户自己声明的结构体、共用体、指针、枚举类型外,还可以用typedef声明新的类型名来代替已有的类型名。如:

typedef int INTEGER;

typedef float REAL;

以上指定用INTEGER代表int类型,REAL代表float,以下两行等价:

int i,j; float a,b;

INTEGER i,j; REAL a,b;

也可以使用typedef声明结构体类型:

typedef struct

{　　　int month;

　　　int day;

　　　int year;

}DATE;

声明新类型名DATE,它代表上面指定的结构体类型。现在可以使用DATE定义变量。

DATE brthday;

DATE *p;

注意:

①可以使用typedef声明数组类型,如:

typedef int NUM[100];

NUM n;

n为整型数组变量,即等同于int n[100];

②用typedef可以声明各种类型名,但不能用来定义变量。

③用typedef只是对已经存在的类型增加一个类型名,而没有创造新的类型。

技能实训

技能实训一　结构体

【实训1】　为某商店的商品设计合适的结构体。每一种商品包含编号、名称、价格、折扣。根据表8-4补充程序输出表中的商品信息。

表8-4　商品信息

编号	名称	价格	折扣
001	葡萄酒	108	0.95
002	牛奶	88	0.9
003	食用油	135	0.95
004	台灯	480	0.85
005	背包	350	0.8

源程序	运行结果及分析

<pre>#include <stdio.h>
void main()
{
    int i;
    struct spxx
    {
        _____ number;
        _____ name;
        _____ price;
        _____ discount;
    };
    struct spxx sp[5];
    for(i=0;i<5;i++)
      {
            printf("请输入商品编号\n");
            _____;
            printf("请输入商品名称\n");
            _____;
            printf("请输入商品价格\n");
            _____;
                printf("请输入商品折扣\n");
            _____;
      }
    for(i=0;i<5;i++)
      {
        _____;
      }
}</pre>	

【实训2】 阅读分析下列程序,并回答题后的问题。

【代码】

```c
#include <stdio.h>
struct st
{    char xm[10];
    int cj1;
    int cj2;
    int cj3;
} aa[4]={{"陈明",80,55,78}, {"李晓",69,50,80},{"张果",90,95,75},{"王海",78,65,58}};
void main()
{
    int i,sum,x=0;
    sum=aa[0].cj1+ aa[0].cj2+ aa[0].cj3+ aa[1].cj1+ aa[1].cj2+ aa[1].cj3+ aa[2].cj1+ aa[2].
cj2+ aa[2].cj3+ aa[3].cj1+ aa[3].cj2+ aa[3].cj3;
    for(i=0;i<4;i++)
        {if(aa[i].cj1>=60)
            x++;
        if(aa[i].cj2>=60)
            x++;
        if(aa[i].cj3>=60)
            x++;
        }
    printf("%d,%d",sum,x);
}
```

① 此程序预测结果为:_____。

② 程序运行后的结果为:_____。

③ 该程序实现的功能为:_____。

④ 如果想添加所有成绩的平均值,该如何实现?

_____

_____

【实训3】 以下程序的功能是找出平均分最高的学生,并将该学生的信息输出。请输入并运行源程序,找出程序的错误所在,记录下来并分析改正。

源程序	修改后的程序

`#include <stdio.h>`
`struct st`
`{    char xm[10];`
`    int cj1;`
`    int cj2;`
`    int cj3;`
`    float avg;`
`} aa[4]={ {"陈明",80,55,78}, {"李晓",69,50,80},{"张果",90,95,`
`75},{"王海",78,65,58}};`
 	
`void main()`
`{`
`    int max;`
`    int i,sum,x=0;`
`    for(i=0;i<4;i++)`
`        aa[i].avg=aa[i].cj1+aa[i].cj2+aa[i].cj3;`
`    max.avg=aa[0];`
`    for(i=1;i<4;i++)`
`        {if(max.avg>aa[i].avg)`
`            max=aa[i];`
`        }`
`    printf("平均分为最高为的学生是:\n"); printf("%d,%d,%d,`
`%d,%d",max.xm,max.cj1.max.cj2,max.cj3,max.avg);`
`}`	

错误提示	原因分析

【实训4】 阅读分析下列程序,并回答题后的问题。

【代码】

```
struct s
{
    char name[20];
    int age;
    char sex[4];
```

```
} x[3]={{"陈安",25,"男"},{"王妃",23,"女"},{"李心",24,"男"}};
#include <stdio.h>
#include <string.h>
void main()
{
    int i;
    for(i=0;i<3;i++)
    if(strcmp(x[i].sex,"男")==0)
    printf("%s\t%d\t%s\n",x[0].name,x[i].age,x[i].sex);
}
```

①此程序预测结果为：_____。

②程序运行后的结果为：_____。

③如果要使得程序能到正确的结果,则程序应该如何修改?

_____

④该程序的功能是：

_____

【实训5】 根据题意要求,编写程序并上机验证。

1.在键盘上输入2个学生信息(包含学号、姓名、成绩1、成绩2)并在显示器上输出。

提示:先定义一个数组结构体类型,由键盘输入相应数据信息并输出。

2.在键盘上输入10名员工信息(员工号,第一季度销售额,第二季度销售额,第三季度销售额,第四季度销售额),求出总销售额及总销售额的平均销售额,将总销售额及平均销售额在显示器上输出。

提示:先定义一个数组结构体类型,从键盘输入相应数据信息并输出。计算总销售额,得到总销售额后再计算平均销售额。

3.从键盘任意输入一组(30个)学生基本信息(学号、姓名、入学成绩),按照入学成绩升序排列后输出。

提示:先定义一个数组结构体类型,从键盘输入相应数据信息。按照入学成绩,拿第一个数据与后面数据相比较,如果第一个数据小于第二个数据,两者交换位置,再拿交换后第二个数据与第三个数据相比较,如果第二个数据小于第三个数据,两者交换位置,以此类推,第一轮比较结束一组数据中最小入学成绩将放在最后位置。按相同方法依次比较二十九轮,可以得到一个升序序列。

技能实训二　共用体

【实训6】　阅读分析下列程序,并回答题后的问题。

【代码】

```
#include "stdio.h"
#include "string.h"
struct md
{
    char name[10];
    char sex[4];
    int kscj;
    union
    {   char cj1[10];
        char cj2[10];
    }cj;
}cy[2]={{"张好","男",58},{"李美","女",79}};
void main( )
{   int i;
    for(i=0;i<2;i++)
        {
            if(cy[i].kscj>=60)
                strcpy(cy[i].cj.cj1,"通过");
            else
                strcpy(cy[i].cj.cj2,"补考");
        }
    for(i=0;i<2;i++)
        {
            if(cy[i].kscj>=60)
                printf("%s,%s,%d,%s\n",cy[i].name,cy[i].sex,cy[i].kscj, cy[i].cj.cj2);
        }
}
```

①程序预测结果为:_____。

②程序运行后的结果为:_____。

③如果要使程序输出所有名单信息,则程序应如何修改?

_____

_____

④该程序的功能是:_____。

【实训7】 根据题意要求,编写程序并上机验证。

利用结构体和共同体编写一程序,根据表8-5所示的员工信息,得出员工实时状态,并输出所有员工完整信息。

实时状态:根据在职时间来判断,如果在职时间超过6个月,状态为正式员工,否则状态为实习。

表8-5 员工信息

员工编号	姓名	性别	在职时间(年)	实时状态
1001	王华	男	3	
1002	高明	男	0.2	
1003	余晓	女	1	

技能实训三 枚举类型

【实训8】 阅读分析下列程序,并回答题后的问题。

【代码】

```
#include <stdio.h>
void main()
{
    int rj;
    enum workday
        {
            monday=1,
            turesday,
            wednesday,
            thursday,
            friday,
            saturday,
    sunday};
    enum workday day;
    printf("请输入星期几(1-7)\n:");
        scanf("%d",&rj);
    if(rj>=monday&&rj<=friday)
        printf("今天星期%d,工作日\n",rj);
    else
        printf("今天星期%d,休息\n",rj);
}
```

①从键盘分别输入3和7,程序预测结果为:＿＿＿＿＿＿＿＿。

②程序运行后的结果为:＿＿＿＿＿＿＿＿＿＿＿。

③键盘输入时,如果数字范围不是1~7,计算机应该给出提示"输入出错!"提示信息,为了实现该功能,则程序应该如何修改?

＿＿＿＿＿＿＿＿＿＿＿＿＿＿＿＿＿＿＿＿＿

＿＿＿＿＿＿＿＿＿＿＿＿＿＿＿＿＿＿＿＿＿

④该程序的功能是:＿＿＿＿＿＿＿＿＿＿＿＿＿＿＿＿＿。

【实训9】 根据题意要求,编写程序并上机验证。

从键盘输入一个月份(1—12月),输出对应的英文月份。

要求枚举类型定义如下:

enum year

{   January=1,February,March,Apri,May,June,July,August,September,October,November,December};

提示:结合枚举和switch语句完成要求。

单元8
课后习题

知识归纳图表

知识回顾
（绘制本单元知识关系图）

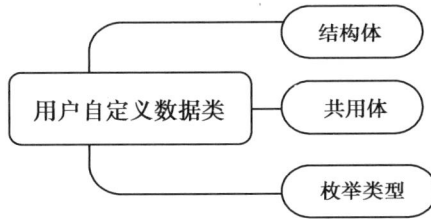

```
                        ┌──────────── 结构体
用户自定义数据类 ──┤──────────── 共用体
                        └──────────── 枚举类型
```

思考总结

单元9 文件操作

知识目标
① 掌握文件的分类。
② 掌握文件的打开与关闭函数。
③ 掌握文件顺序读写的方法。
④ 了解文件按随机读写的方法。

能力目标
① 具有对文件进行打开和关闭的操作能力。
② 具有对文件按指定格式进行读写的能力。

素质目标
① 培养学生良好的编程习惯和严谨的思维方式。
② 培养学生利用专业知识分析问题和解决实际问题的基本能力。
③ 培养学生高尚的道德情操,激发学生的社会责任感。

学习计划表

项目		文件的打开与关闭	文件的顺序读写	文件的随机读写
课前预习	预习时间			
	预习结果	1. 难易程度 ○偏易(即读即懂)　　○适中(需要思考) ○偏难(需查资料)　　○难(不明白) 2. 疑点问题		
课后复习	复习时间			
	复习结果	1.掌握程度 ○了解　○熟悉　○掌握　○精通 2.重点、难点归纳		

引导案例

用文件记录数据,解决实际问题

案例描述

经过前面章节的学习,我们知道计算机是用来处理数据的,程序是用来控制计算机的。小张利用所学的C语言知识,编写了一个计算志愿者服务时长总和的"计算器"程序,可以用于计算任何多个正整数之和。但是有一天他不小心忘记了程序对数据的处理结果,该怎么办呢?是不是只能再次运行程序,然后输入同样的数据,最后查看程序的运行结果呢?

如果程序能把运行过程中获取的数据,以及计算的结果"保留"下来就好了。本章我们就将学习如何将程序运行的结果记录在文本中并保存下来。

案例分析

① 可以创建一个文件,记录用户操作的过程。

② 在用户输入数据的过程中,及时向文件写入数据。

③ 数据写入完成后,一定要在程序结束前关闭与文件的联系,防止文件中的数据因为程序的误操作而丢失。

案例实现

引导案例

9.1 C语言文件概述

【知识点】

(1)文件的概念

所谓"文件"是指一组相关数据的有序集合。这个数据集有一个名称,称为文件名。实际上在前面的各章中我们已经多次使用了文件,例如源程序文件、目标文件、可执行文件、库文件(头文件)等。文件通常驻留在外部介质(如磁盘等)上,在使用时才调入内存中来。

(2)文件的分类

从不同的角度可对文件作不同的分类。

1)从用户的角度

从用户的角度,文件可分为普通文件和设备文件两种。

普通文件是指驻留在磁盘或其他外部介质上的一个有序数据集,可以是源文件、目标文件、可执行程序;也可以是一组待输入处理的原始数据,或者是一组输出的结果。对于源文件、目标文件、可执行程序可以称作程序文件,对输入输出数据可称作数据文件。

设备文件是指与主机相联的各种外部设备,如显示器、打印机、键盘等。在操作系统中,把外部设备也看作一个文件来进行管理,把它们的输入、输出等同于对磁盘文件的读和写。

通常把显示器定义为标准输出文件,一般情况下在屏幕上显示有关信息就是向标准输出文件输出。如前面经常使用的printf、putchar函数就是这类输出。键盘通常被指定标准的输入文件,从键盘输入就意味着从标准输入文件输入数据。scanf、getchar函数就属于这类输入。

2)从文件编码方式的角度

从文件编码方式的角度,文件可分为ASCII码文件和二进制码文件两种。

ASCII文件也称为文本文件,这种文件在磁盘中存放时每个字符对应一个字节,用于存放对应的ASCII码。

例如,数5678的存储形式为:

ASCII码:	00110101	00110110	00110111	00111000
	↓	↓	↓	↓
十进制码:	5	6	7	8

共占用4个字节,ASCII码文件可在屏幕上按字符显示,例如源程序文件就是ASCII文件,用DOS命令TYPE可显示文件的内容。由于是按字符显示,因此能读懂文件内容。

二进制文件是按二进制的编码方式来存放文件的。例如,数5678的存储形式为:
00010110 00101110

二进制文件只占二个字节,虽然它也可在屏幕上显示,但其内容无法读懂。C语言在处理这些文件时,并不区分类型,都看成是字符流,按字节进行处理。输入输出字符流的开始和结束只由程序控制而不受物理符号(如回车符)控制。因此也把这种文件称作"流式文件"。

本章讨论流式文件的打开、关闭、读、写、定位等各种操作。

(3) 文件指针

在C语言中用一个指针变量指向一个文件,这个指针称为文件指针。通过文件指针就可对它所指的文件进行各种操作。定义说明文件指针的一般形式:

FILE *指针变量标识符;

其中FILE应为大写,它实际上是由系统定义的一个结构,该结构中含有文件名、文件

状态和文件当前位置等信息。在编写源程序时不必关心 FILE 结构的细节,例如:

FILE　*fp;

表示 fp 是指向 FILE 结构的指针变量,通过 fp 即可找存放某个文件信息的结构变量,然后按结构变量提供的信息找到该文件,实施对文件的操作。习惯上也笼统地把 fp 称为指向一个文件的指针。

9.2　文件的打开与关闭

【任务 1】　请理解下列语句的含义。

【代码】

```
FILE *fp;
fp=("file a","r");
```
//在当前目录下打开文件 file a,只允许进行"读"操作,并使 fp 指向该文件

【代码】

```
FILE *fphzk;
fphzk=("c:\\hzk16","rb");
```
//打开 C 驱动器磁盘的根目录下的文件 hzk16,这是一个二进制文件,只允许按二进制方式进行读操作;两个反斜线"\\"中的第一个表示转义字符,第二个表示根目录

【知识点】

(1) 文件的打开

在 C 语言中,文件操作都是由库函数来完成的。文件的打开函数为 fopen()。fopen 函数用来打开一个文件,其调用的一般形式为:

文件指针名 = fopen(文件名, 使用文件方式);

其中:

① "文件指针名"必须是被说明为 FILE 类型的指针变量。

② "文件名"是被打开文件的文件名。

③ "使用文件方式"是指文件的类型和操作要求。

(2) 文件使用方式

使用文件的方式共有 12 种,它们的符号和意义见表 9-1。

表9-1 文件使用方式及意义

文件使用方式	意义
rt	只读打开一个文本文件,只允许读数据
wt	只写打开或建立一个文本文件,只允许写数据
at	追加打开一个文本文件,并在文件末尾写数据
rb	只读打开一个二进制文件,只允许读数据
wb	只写打开或建立一个二进制文件,只允许写数据
ab	追加打开一个二进制文件,并在文件末尾写数据
rt+	读写打开一个文本文件,允许读和写
wt+	读写打开或建立一个文本文件,允许读写
at+	读写打开一个文本文件,允许读,或在文件末追加数据
rb+	读写打开一个二进制文件,允许读和写
wb+	读写打开或建立一个二进制文件,允许读和写
ab+	读写打开一个二进制文件,允许读,或在文件末追加数据

对于文件使用方式有以下几点说明。

① 文件使用方式由 r、w、a、t、b 、+ 6个字符拼成,各字符的含义是:

r(read):读

w(write):写

a(append):追加

t(text):文本文件,可省略不写

b(banary):二进制文件

+:读和写

② 凡用"r"打开一个文件时,该文件必须已经存在,且只能从该文件读出。

③ 用"w"打开的文件只能向该文件写入。若打开的文件不存在,则以指定的文件名建立该文件,若打开的文件已经存在,则将该文件删去,重建一个新文件。

④ 若要向一个已存在的文件追加新的信息,只能用"a"方式打开文件。但此时该文件必须是存在的,否则将会出错。

⑤ 在打开一个文件时,如果出错,fopen 将返回一个空指针值 NULL。在程序中可以用这一信息来判别是否完成打开文件的工作,并作相应的处理。因此常用以下程序段打开文件:

```
if((fp=fopen("c:\\hzk16","rb")==NULL))
{
    printf("\nerror on open c:\\hzk16 file!");
    getch();
```

```
   exit(1);
}
```

这段程序的含义是,如果返回的指针为空,表示不能打开C盘根目录下的hzk16文件,则给出提示信息"error on open c:\ hzk16 file!",下一行getch()的功能是从键盘输入一个字符,但不在屏幕上显示。在这里,该行的作用是等待,只有当用户从键盘敲任一键时,程序才继续执行,因此用户可利用这个等待时间阅读出错提示。敲键后执行exit(1)退出程序。

⑥ 把一个文本文件读入内存时,要将ASCII码转换成二进制码,而把文件以文本方式写入磁盘时,也要把二进制码转换成ASCII码,因此文本文件的读写要花费较多的转换时间。对二进制文件的读写不存在这种转换。

⑦ 标准输入文件(键盘),标准输出文件(显示器),标准出错输出(出错信息)是由系统打开的,可直接使用。

（3）文件的关闭

在使用完一个文件后应该关闭它,以防止它再被误用。"关闭"就是撤销文件信息区和文件缓冲区,使文件指针变量不再指向该文件,也就是文件指针变量与文件"脱钩",此后不能再通过该指针对原来与其相联系的文件进行读写操作,除非再次打开,使该指针变量重新指向该文件。文件关闭用fclose函数来实现,fclose函数调用的一般形式是:

fclose(文件指针);

正常完成关闭文件操作时,fclose函数返回值为0;如返回非零值则表示有错误发生。

9.3 文件的顺序读写

【任务2】 从c1.txt文件中逐个读取字符,并在屏幕上显示。

【算法分析】

① 首先定义文件指针fp,以读文本文件方式打开文件"d:\\example\\c1.txt",并使fp指向该文件。

② 如果打开文件出错,则给出提示并退出程序。

③ 如果文件可以正常打开,首先读出一个字符存放到变量ch,然后进入循环,只要读出的字符不是文件结束标志(每个文件末有一结束标志EOF)就把该字符显示在屏幕上,再读入下一字符。

④ 每读一次,文件内部的位置指针向后移动一个字符,文件结束时,该指针指向EOF。执行本程序将显示整个文件。

【代码】

```c
#include <stdio.h>
#include <conio.h>
#include <stdlib.h>
void main()
{
    FILE *fp;
    char ch;
    if((fp=fopen("d:\\example\\c1.txt","rt"))==NULL){
        printf("\nCannot open file strike any key exit!");
        getch();
        exit(1);
    }
    ch=fgetc(fp);
    while(ch!=EOF){
        putchar(ch);
        ch=fgetc(fp);
    }
    fclose(fp);
}
```

【知识点】

（1）字符读函数

字符读函数是以字符（字节）为单位的读函数，每次可从文件读出一个字符。

（2）读字符函数 fgetc

fgetc 函数的功能是从指定的文件中读一个字符，函数调用的形式为：

字符变量=fgetc(文件指针);

例如：

ch=fgetc(fp);

其意义是从打开的文件 fp 中读取一个字符并送入 ch 中。

注意：

① 在 fgetc 函数调用中，读取的文件必须是以读或读写方式打开的。

② 读取字符的结果也可以不向字符变量赋值。例如：fgetc(fp);但是读出的字符不能保存。

③ 在文件内部有一个位置指针。用来指向文件的当前读写字节。在文件打开时,该指针总是指向文件的第一个字节。使用 fgetc 函数后,该位置指针将向后移动一个字节。因此可连续多次使用 fgetc 函数,读取多个字符。

应注意文件指针和文件内部的位置指针不是一回事。文件指针是指向整个文件的,需在程序中定义说明,只要不重新赋值,文件指针的值是不变的。文件内部的位置指针用以指示文件内部的当前读写位置,每读写一次,该指针均向后移动,它不需在程序中定义说明,而是由系统自动设置的。

【任务3】 从键盘输入一行字符,写入一个文件,再把该文件内容读出显示在屏幕上。

【算法分析】

① 首先定义文件指针 fp,以读写文本文件方式打开文件"d:\\example\\string"。
② 如果打开文件出错,则给出提示并退出程序。
③ 如果文件可以正常打开,首先读出一个字符存放到变量 ch,然后进入循环,当读入字符不为回车符时,则把该字符写入文件之中,然后继续从键盘读入下一字符。每输入一个字符,文件内部位置指针向后移动一个字节。
④ 写入完毕,该指针已指向文件末。如要把文件从头读出,须把指针移向文件头,使用 rewind 函数用于把 fp 所指文件的内部位置指针移到文件头,然后逐个读出文件中的一行内容。

【代码】

```
#include <stdio.h>
#include <conio.h>
#include <stdlib.h>
void main()
{
    FILE *fp;
    char ch;
    if((fp=fopen("d:\\example\\string","wt+"))==NULL)
        {
        printf("Cannot open file strike any key exit!");
        getch();
        exit(1);
        }
    printf("input a string:\n");
    ch=getchar();
```

```
    while (ch!='\n'){
        fputc(ch,fp);
        ch=getchar();
    }
    rewind(fp);
    ch=fgetc(fp);
    while(ch!=EOF){
        putchar(ch);
        ch=fgetc(fp);
    }
    printf("\n");
    fclose(fp);
    }
```

【知识点】

（1）字符写函数

字符写函数是以字符（字节）为单位的写函数，每次可向文件写入一个字符。

（2）写字符函数 fputc

fputc 函数的功能是把一个字符写入指定的文件中。函数调用的形式为：

fputc(字符量, 文件指针);

其中，待写入的字符量可以是字符常量或变量，例如：

fputc('a',fp);

其意义是把字符 a 写入 fp 所指向的文件中。

注意：

① 被写入的文件可以用写、读写、追加方式打开，用写或读写方式打开一个已存在的文件时将清除原有的文件内容，写入字符从文件首开始。如需保留原有文件内容，希望写入的字符以文件末开始存放，必须以追加方式打开文件。被写入的文件若不存在，则创建该文件。

② 每写入一个字符，文件内部位置指针向后移动一个字节。

③ fputc 函数有一个返回值，如写入成功则返回写入的字符，否则返回一个 EOF。可用此来判断写入是否成功。

【任务4】 从 string 文件中读入一个含 10 个字符的字符串。

【算法分析】

① 首先定义文件指针 fp，一个字符数组 str 共 11 个字节，以读写文本文件方式打开文

件"d:\\example\\string"。

② 如果打开文件出错,则给出提示并退出程序。

③ 如果文件可以正常打开,以读文本文件方式打开文件string后,从中读出10个字符送入str数组,在数组最后一个单元内将加上'\0',然后在屏幕上显示输出str数组。

【代码】

```
#include <stdio.h>
#include <conio.h>
#include <stdlib.h>
void main()
{
    FILE *fp;
    char str[11];
    if((fp=fopen("d:\\example\\string","rt"))==NULL){
        printf("\nCannot open file strike any key exit!");
        getch();
        exit(1);
    }
    fgets(str,11,fp);
    printf("\n%s\n",str);
    fclose(fp);
}
```

【知识点】

（1）读字符串函数 fgets

函数的功能是从指定的文件中读一个字符串到字符数组中,函数调用的形式为:

fgets(字符数组名,n,文件指针);

其中的n是一个正整数。表示从文件中读出的字符串不超过n-1个字符。在读入的最后一个字符后加上串结束标志'\0'。例如:fgets(str,n,fp);的意义是从fp所指的文件中读出n-1个字符送入字符数组str中。

注意:

① 在读出n-1个字符之前,如遇到了换行符或EOF,则读出结束。

② fgets 函数也有返回值,其返回值是字符数组的首地址。

（2）写字符串函数 fputs

fputs 函数的功能是向指定的文件写入一个字符串,其调用形式为:

fputs(字符串,文件指针);

其中字符串可以是字符串常量,也可以是字符数组名,或指针变量。

例如:fputs("abcd",fp);其意义是把字符串"abcd"写入fp所指的文件之中。

【任务5】 从键盘输入两个学生数据,写入一个文件中,再读出这两个学生的数据显示在屏幕上。

【算法分析】

① 定义了一个结构stu,说明了两个结构数组boya和boyb以及两个结构指针变量pp和qq。pp指向boya,qq指向boyb。

② 以读写文本文件方式打开文件"d:\\example\\ stu_list",如果打开文件出错,给出提示并退出程序语句"while (1)"。

③ 如果文件可以正常打开,输入两个学生数据之后,写入该文件中,然后把文件内部位置指针移到文件首,读出两个学生数据后,在屏幕上显示。

【代码】

```c
#include<stdio.h>
#include <conio.h>
#include <stdlib.h>
struct stu{
    char name[10];
    int num;
    int age;
    char addr[15];
}boya[2],boyb[2],*pp,*qq;
void main()
{
    FILE *fp;
    char ch;
    int i;
    pp=boya;
    qq=boyb;
    if((fp=fopen("d:\\example\\stu_list","wb+"))==NULL){
        printf("Cannot open file strike any key exit!");
        getch();
        exit(1);
    }
```

```
        printf("\ninput data\n");
        for(i=0;i<2;i++,pp++)
            scanf("%s%d%d%s",pp->name,&pp->num,&pp->age,pp->addr);
        pp=boya;
        fwrite(pp,sizeof(struct stu),2,fp);
        rewind(fp);
        fread(qq,sizeof(struct stu),2,fp);
        printf("\n\nname\tnumber    age     addr\n");
        for(i=0;i<2;i++,qq++)
            printf("%s\t%5d%7d    %s\n",qq->name,qq->num,qq->age,qq->addr);
        fclose(fp);
}
```

【知识点】

（1）数据块读写函数 fread 和 fwrite

C语言还提供了用于整块数据的读写函数。可用来读写一组数据,如一个数组元素、一个结构变量的值等。

（2）数据块读写函数调用形式

读数据块函数调用的一般形式为:

fread(buffer,size,count,fp);

写数据块函数调用的一般形式为:

fwrite(buffer,size,count,fp);

其中buffer是一个指针,在fread函数中,它表示存放输入数据的首地址。在fwrite函数中,它表示存放输出数据的首地址;size表示数据块的字节数;count表示要读写的数据块块数;fp表示文件指针。

例如:

fread(fa,4,5,fp);

其意义是从fp所指的文件中,每次读4个字节(一个实数)送入实数组fa中,连续读5次,即读5个实数到fa中。

【任务6】　使用fscanf和fprintf函数完成从键盘输入两个学生数据,写入一个文件中,再读出这两个学生的数据显示在屏幕上。

【算法分析】

① 定义了一个结构stu,说明了两个结构数组boya和boyb以及两个结构指针变量pp和qq。pp指向boya,qq指向boyb。以读写方式打开二进制文件"stu_list",输入二个学生

数据之后,写入该文件中。

②本程序中fscanf和fprintf函数每次只能读写一个结构数组元素,因此采用了循环语句来读写全部数组元素。还要注意指针变量pp,qq由于循环改变了它们的值,因此在程序中对它们重新赋予了数组的首地址。

【代码】

```c
#include<stdio.h>
#include <conio.h>
#include <stdlib.h>
struct stu
{
    char name[10];
    int num;
    int age;
    char addr[15];
}boya[2],boyb[2],*pp,*qq;
void main()
{
    FILE *fp;
    char ch;
    int i;
    pp=boya;
    qq=boyb;
    if((fp=fopen("stu_list","wb+"))==NULL){
        printf("Cannot open file strike any key exit!");
        getch();
        exit(1);
    }
    printf("\ninput data\n");
    for(i=0;i<2;i++,pp++)
        scanf("%s%d%d%s",pp->name,&pp->num,&pp->age,pp->addr);
    pp=boya;
    for(i=0;i<2;i++,pp++)
        fprintf(fp,"%s %d %d %s\n",pp->name,pp->num,pp->age,pp->addr);
    rewind(fp);
    for(i=0;i<2;i++,qq++)
        fscanf(fp,"%s %d %d %s\n",qq->name,&qq->num,&qq->age,qq->addr);
```

```
        printf("\n\nname\tnumber     age     addr\n");
        qq=boyb;
        for(i=0;i<2;i++,qq++)
            printf("%s\t%5d %7d     %s\n",qq->name,qq->num, qq->age,qq->addr);
        fclose(fp);
}
```

【知识点】

（1）格式化读写函数 fscanf 和 fprintf

fscanf 函数，fprintf 函数与前面使用的 scanf 和 printf 函数的功能相似，都是格式化读写函数。两者的区别在于 fscanf 函数和 fprintf 函数的读写对象不是键盘和显示器，而是磁盘文件。

（2）两个函数的调用格式

fscanf(文件指针,格式字符串,输入表列);
fprintf(文件指针,格式字符串,输出表列);
例如：
fscanf(fp,"%d%s",&i,s);
fprintf(fp,"%d%c",j,ch);

9.4 文件的随机读写

【任务7】 在学生文件 stu_list 中读出第二个学生的数据。

【算法分析】

① 文件 stu_list 已由任务6的程序建立，本程序用随机读出的方法读出第二个学生的数据。程序中定义 boy 为 stu 类型变量，qq 为指向 boy 的指针。

② 以读二进制文件方式打开文件，如果文件成功打开则将文件内部指针定位至文件首，使用函数移动文件位置指针，其中的 i 值为1，表示从文件头开始，移动一个 stu 类型的长度，然后再读出的数据即为第二个学生的数据。

【代码】

```
#include<stdio.h>
#include <conio.h>
#include <stdlib.h>
struct stu{
    char name[10];
```

```
        int num;
        int age;
        char addr[15];
}boy,*qq;
void main()
{
        FILE *fp;
        char ch;
        int i=1;
        qq=&boy;
        if((fp=fopen("stu_list ","rb"))==NULL){
                printf("Cannot open file strike any key exit!");
                getch();
                exit(1);
        }
        rewind(fp);
        fseek(fp,i*sizeof(struct stu),0);
        fread(qq,sizeof(struct stu),1,fp);
        printf("\n\nname\tnumber      age      addr\n");
        printf("%s\t%5d  %7d     %s\n",qq->name,qq->num,qq->age,qq->addr);
}
```

【知识点】

前面介绍的对文件的读写方式都是顺序读写,即读写文件只能从头开始,顺序读写各个数据。但在实际问题中常要求只读写文件中某一指定的部分。为了解决这个问题可移动文件内部的位置指针到需要读写的位置,再进行读写,这种读写称为随机读写。

(1) 文件的定位

实现随机读写的关键是按要求移动位置指针,这称为文件的定位。移动文件内部位置指针的函数主要有两个,即 rewind()和 fseek()。

rewind 函数前面已多次使用过,其调用形式为:

rewind(文件指针);它的功能是把文件内部的位置指针移到文件首。

fseek 函数用来移动文件内部位置指针,其调用形式为:

fseek(文件指针,位移量,起始点);

其中:"文件指针"指向被移动的文件;"位移量"表示移动的字节数,要求位移量是 long 型数据,以便在文件长度大于 64KB 时不会出错。当用常量表示位移量时,要求加后缀"L";"起始点"表示从何处开始计算位移量,规定的起始点有 3 种:文件首,当前位置和文件尾。其表示方法见表9-2。

表9-2　起始点的3种表示符号及数字表示

起始点	表示符号	数字表示
文件首	SEEK_SET	0
当前位置	SEEK_SUR	1
文件末尾	SEEK_END	2

例如：fseek(fp,100L,0);其意义是把位置指针移到离文件首100个字节处。

注意：fseek函数一般用于二进制文件。在文本文件中由于要进行转换,故往往计算的位置会出现错误。

（2）文件的随机读写

在移动位置指针之后,即可用前面介绍的任一种读写函数进行读写。由于一般是读写一个数据块,因此常用fread和fwrite函数。

fread函数的调用形式为：

fread(buffer,size,count,fp);

fwrite函数的调用形式为：

fwrite(buffer,size,count,fp);

其中：buffer是一个指针,对fread来说,它是读入数据的存放地址。对fwrite来说,是要输出数据的地址;size是要读写的字节数;count是要进行读写多少个size字节的数据项;fp是文件型指针。

注意：

① 完成一次写操(fwrite())作后必须关闭流(fclose())。

② 完成一次读操作(fread())后,如果没有关闭流(fclose()),则指针(FILE * fp)自动向后移动前一次读写的长度,不关闭流继续下一次读操作则接着上次的输出继续输出。

在C语言中进行文件操作时,经常用到fread()和fwrite(),用它们来对文件进行读写操作。在用C语言编写程序时,一般使用标准文件系统,即缓冲文件系统。系统在内存中为每个正在读写的文件开辟"文件缓冲区",在对文件进行读写时数据都经过缓冲区。要对文件进行读写,系统需开辟一块内存区来保存文件信息,保存这些信息用的是一个结构体,将这个结构体定义为FILE类型。首先要定义一个指向这个结构体的指针,当程序打开一个文件时,就能获得指向FILE结构的指针,通过这个指针,就可以对文件进行操作。

技能实训

【实训1】　分析下列程序代码并上机验证,写出程序运行后的结果。

源程序	运行结果
| ```c
#include <stdio.h>
#include <conio.h>
#include <stdlib.h>
int main()
{
    FILE  *fp;
    char ch,fname[20];
    printf("please input file name :\n");
    scanf("%s",fname[0]);
    if((fp=fopen(fname, "r"))==NULL)
        {    printf("cannot open this file!\n");
            exit(0);
        }
    printf("please input some text:\n");
    while((ch=getchar())!='$')
        fputc(ch,fp);
    fclose(fp);
    if((fp=fopen(fname, "W"))==NULL)
        {
            printf("cannot open this file!\n");
            exit(0);
        }
    while(!feof(fp))
        {
            ch=fgetc(fp);
            putchar(ch);
        }
    fclose(fp);
}
``` | |

【实训2】 阅读分析下列程序,并回答题后的问题。

【代码】

```c
#include <stdio.h>
#include <conio.h>
#include <stdlib.h>
void main()
{
    FILE  *fp;
    char ch;
    if((fp=fopen("d:\\Csources\\example\\c1.txt","rt"))==NULL)
        {    printf("\nCannot open file strike any key exit! ");
            getch();
```
```

```
            exit(1);
        }
    ch=fgetc(fp);
    while(ch!=EOF)
        {
            putchar(ch);
            ch=fgetc(fp);
        }
    fclose(fp);
}
```

① 此程序实现的功能为:_____。

② 预测此程序的输出结果为:_____。

③ 程序运行后的结果为:_____。

【实训3】 上机运行如下程序代码,找出程序的错误所在,记录下来并分析改正。

源程序	修改后程序

`#include <stdio.h>`
`#include <conio.h>`
`#include <stdlib.h>`
`void main()`
`{`
`    FILE *fp1,fp2;`
`    if((fp1=fopen("file1","w"))==NULL)`
`        {   printf("cannot open file1\n");`
`            exit(1);`
`        }`
`    if((fp2=fopen("file1","r"))==NULL)`
`        {   printf("cannot open file2\n");`
`            exit(1);`
`        }`
`    while(feof(fp2))`
`        fputc(fgetc(fp2),fp1);`
`    fclose(fp1);`
`    fclose(fp2);`
`}`	

错误提示	原因分析

【实训 4】 阅读分析下列程序,并回答题后的问题。

提示:已存在的文本文件 eg.txt,其内容为:

This is a C program.

It's made for the file.c

【代码】

```
#include <stdio.h>
void main()
{
    FILE  *fp;
    char ch,filename[10];
    scanf("%s",filename);
    if((fp=fopen(filename, "r"))==NULL)
        {
                printf("can not open this file \n");
                exit(0);
        }
    for(;!feof(fp);)
        {    ch=fgetc(fp);
                putchar(ch);
        }
    fclose(fp);
}
```

① 此程序运行时,首先输入文件名_____;程序运行后的结果为:_____。

② 程序的功能是:_____。

【实训 5】 阅读分析如下程序,并回答题后的问题。

【代码】

```
#include <stdio.h>
void main()
{
    FILE  *fp;
    char ch,filename[10];
    scanf("%s",filename);
    if((fp=fopen(filename, "w"))==NULL)
        {
                printf("can not open this file \n");
                exit(0);
```

```
        }
    ch=getchar();
    for(;(ch=getchar())!='&';)
        putc (ch,fp);
    fclose(fp);
}
```

① 当输入 eg.txt 时,然后输入要写入文件中的内容:＿＿＿＿＿＿＿＿,以上输入以"&"作为结束标记。

② 程序实现的功能是:＿＿＿＿＿＿＿＿＿＿＿。

③ 程序运行结束后,在 DOS 环境下使用 TYPE 命令查看新建立的 eg.txt 的内容,在命令行输入:TYPE eg.txt,可以看到 eg.txt 的内容为:＿＿＿＿＿＿＿＿。

【实训6】　根据题意要求,编写程序并上机验证。

1. 设计程序,将一个磁盘文件中的内容复制到另一个磁盘文件上。

提示:根据题意,程序要同时处理两个文件,一个是原有的,另一个是新建立的,所以程序中有两个文件指针,一个指向要读的文件设为 fp1,另一个指向新建立的文件设为 fp2。

2. 设有一文件 stu.dat 存放了 10 个人三门课程的成绩(包括英语、计算机、数学),存放格式为:每人信息显示为一行,成绩间由逗号分隔,计算三门课程的平均成绩,统计平均成绩大于或等于90分的学生人数。

提示:首先打开文件,然后使用函数 fscanf 从文件中将数据取出,进行计算,最后将计算结果输出到屏幕上,关闭文件。

3. 统计上题 stu.dat 文件中每个学生的总成绩,并将原有数据和计算出的总分数存放在磁盘文件"score"中。

提示:需要打开 score 文件,将运算的总分向 score 中写入数据。

单元9
课后习题

知识归纳图表

知识回顾
（绘制本单元知识关系图）

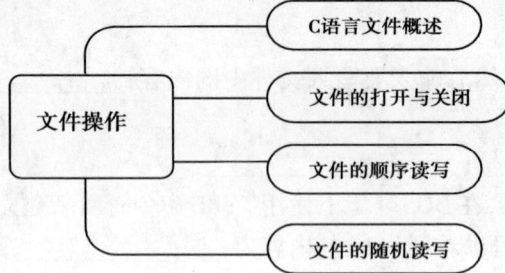

```
                    ┌──────────────────┐
                    │  C语言文件概述    │
          ┌─────────┴──────────────────┘
          │         ┌──────────────────┐
┌─────────┴──┐      │  文件的打开与关闭  │
│            ├──────┴──────────────────┘
│  文件操作  │      ┌──────────────────┐
│            ├──────┤  文件的顺序读写    │
└─────────┬──┘      └──────────────────┘
          │         ┌──────────────────┐
          └─────────┤  文件的随机读写    │
                    └──────────────────┘
```

思考总结

参考文献

[1] 谭浩强.C语言程序设计[M].4版.北京:清华大学出版社,2020.

[2] 谭浩强,张基温.C语言习题集与上机指导[M].3版.北京:高等教育出版社,2006.

[3] 王恺,赵宏.C++程序设计语言——上机实习指导与习题集[M].北京:清华大学出版社,2019.

[4] 高维春.C语言程序设计上机指导与习题集[M].北京:人民邮电出版社,2010.

[5] 涂承胜.C语言上机指导与典型题解[M].北京:清华大学出版社,2011.

[6] 李新华,梁栋.C语言程序设计习题解答与上机指导[M].3版.北京:中国电力出版社,2019.

[7] 梁海英.C语言程序设计[M].2版.北京:清华大学出版社,2015.

[8] 李学刚,杨丹,张静,等.C语言程序设计[M].北京:高等教育出版社,2013.

[9] 彭慧卿.C语言程序设计[M].北京:清华大学出版社,2022.

[10] 韩建平,夏一行.C语言程序设计[M].杭州:浙江大学出版社,2021.

[11] 朱立华,俞琼.C语言程序设计习题解析与实验指导[M].3版.北京:人民邮电出版社,2018

[12] 教育部考试中心.全国计算机等级考试二级教程 C语言程序设计(2021年版)[M].北京:高等教育出版社,2020.

[13] 教育部考试中心.全国计算机等级考试二级教程 公共基础知识(2021年版)[M].北京:高等教育出版社,2022.